Wilhelm Leutzbach

Einführung in die Theorie des Verkehrsflusses

Springer-Verlag

Berlin · Heidelberg · New York 1972

Dr.-Ing. WILHELM LEUTZBACH
Professor an der Universität (TH) Karlsruhe

Mit 109 Abbildungen

ISBN-13: 978-3-540-05724-6   e-ISBN-13:978-3-642-61977-9
DOI:10.1007/978-3-642-61977-9

Das Werk ist urheberrechtlich geschützt. Die dadurch begründeten Rechte, insbesondere die der Übersetzung, des Nachdruckes, der Entnahme von Abbildungen, der Funksendung, der Wiedergabe auf photomechanischem oder ähnlichem Wege und der Speicherung in Datenverarbeitungsanlagen bleiben, auch bei nur auszugsweiser Verwertung, vorbehalten.
Bei Vervielfältigungen für gewerbliche Zwecke ist gemäß § 54 UrhG eine Vergütung an den Verlag zu zahlen, deren Höhe mit dem Verlag zu vereinbaren ist.
© by Springer-Verlag, Berlin/Heidelberg 1972.
Library of Congress Catalog Card Number 72-187490
Die Wiedergabe von Gebrauchsnamen, Handelsnamen, Warenbezeichnungen usw. in diesem Buche berechtigt auch ohne besondere Kennzeichnung nicht zu der Annahme, daß solche Namen im Sinne der Warenzeichen- und Markenschutz-Gesetzgebung als frei zu betrachten wären und daher von jedermann benutzt werden dürften.

Vorwort

Verkehr ist in lapidarster Form definiert als die Ortsveränderung von Personen und
Gütern. Überschaut man die Fülle der Literatur zu diesem Thema, so könnte man fast
den Eindruck gewinnen, daß angesichts der mannigfachen Probleme, die auf den Gebie-
ten der Technik, der Wirtschaft, der Stadt- und Landesplanung, der Soziologie usw.
damit in Zusammenhang stehen, die Tatsache, daß Ortsveränderung zunächst einmal
B e w e g u n g bedeutet, ein wenig in den Hintergrund gerückt ist. Das vorliegende Buch widmet sich daher gerade diesem Problem; es stellt dar, wie man die Bewegung einzelner Elemente oder von Teilen eines Verkehrsstroms beschreiben kann.

Zur Vermeidung von Mißverständnissen sind einige Vorbemerkungen erforderlich.

1. Das Buch will als Lehrbuch verstanden sein. Es faßt Ansätze und Methoden zusammen, die in der einschlägigen Literatur weit verstreut und daher im allgemeinen
schwer zugänglich sind. Auf Quellenhinweise im Text wird verzichtet; sie sind am
Schluß zusammengefaßt.

2. Das Buch wendet sich vor allem an Studenten der Ingenieurwissenschaften und enthält die theoretischen Grundlagen, die zum Verständnis von Methoden notwendig sind,
mit denen Strecken von Verkehrsnetzen entworfen und dimensioniert werden oder mit
denen der Verkehrsablauf steuernd oder regelnd beeinflußt wird; auf die Behandlung
solcher Methoden selbst wird verzichtet. Dem Praktiker kann es helfen, die Ergebnisse von Beobachtungen des Verkehrsablaufs exakter zu deuten, als das bisher manchmal geschieht.

3. Das Buch behandelt nur den Verkehrsablauf auf Strecken zwischen Knoten und nicht
den Verkehrsablauf an solchen Knoten selbst. Das mag von manchem bedauert werden,
weil meist gerade die Knoten die Engpässe darstellen, die die Leistungsfähigkeit
eines Verkehrsnetzes begrenzen. Daher sollte ein Buch, das sich den Knoten widmet,
folgen. Eine Trennung beider Komplexe ist aber zweckmäßig, um die Stoffülle in
überschaubaren Grenzen zu halten und weil die Behandlung des Verkehrsablaufs an
Knoten zusätzlicher methodischer Hilfsmittel (vor allem der Theorie der Warteschlangen) bedarf.

4. Das Buch setzt zum Verständnis mathematische Vorkenntnisse voraus, die etwa dem derzeitigen Ausbildungsniveau an Technischen Universitäten entsprechen. Streng mathematisch hätte sich der Stoff sicher knapper und eleganter abhandeln lassen. Der Verfasser hat aber aus seinen Erfahrungen als Hochschullehrer heraus den Ingenieuren, für die Mathematik ja Mittel zum Zweck ist, die Möglichkeit geben wollen, Ableitungen nachzuvollziehen. Die Kritik wird zeigen, was zu knapp oder zu ausführlich geraten ist.

5. Die Behandlung des Verkehrsablaufs wird nicht auf ein bestimmtes Verkehrssystem beschränkt. Es ist aber nicht zu übersehen, daß vor allem die Methoden der stochastischen Beschreibung des Verkehrsablaufs stark von den Problemen des Straßenverkehrs geprägt sind.

6. Eines besonderen Kommentars bedürfen die Methoden, die sich zur Beschreibung eines an sich stochastischen Verkehrsablaufs deterministischer Analogiemodelle aus dem Bereich strömender Kontinua bedienen. Sie werden manchmal als eine überwundene Zwischenstufe aus der Zeit angesehen, als man stochastische Theorien im Verkehrswesen noch nicht kannte. Der Verfasser teilt diese Ansicht nicht. Zwar ist auch er der Überzeugung, daß die Weiterentwicklung der Theorie des Verkehrsablaufs, speziell zur Schließung der noch vorhandenen Lücken im Bereich des teilgebundenen Verkehrs, primär eine Entwicklung der stochastischen Theorie - analytisch oder auf dem Wege der Simulation - sein wird. Wegen der dabei auftretenden mathematischen Schwierigkeiten ist aber im Augenblick zumindest noch offen, ob die Möglichkeiten deterministischer Modelle für Näherungslösungen zur Behandlung praktischer Probleme schon voll ausgeschöpft sind.

Der Verfasser hat zu danken

- in erster Linie Herrn Uwe Köhler, ohne dessen unermüdliche und kritische Unterstützung bei den mehrfachen Überarbeitungen das Buch zum jetzigen Zeitpunkt noch nicht hätte erscheinen können; seine durch die Mitarbeit angeregten eigenen Beiträge weist das Quellenverzeichnis aus;

- vielen Fachkollegen und Mitarbeitern für anregende Diskussionen; besonders wertvoll waren die Hinweise der Herren Friedrich Jacobs, Karl-Heinz Lenz, Erich Plate und Rainer Wiedemann;

- dem Verlag für die sorgfältige Anfertigung der graphischen Darstellungen und die zügige Abwicklung aller mit der Herausgabe verbundenen Probleme;

- und nicht zuletzt Frau Anita Medzeg für die Sorgfalt, mit der sie das Manuskript für den Verlag geschrieben hat.

Karlsruhe, November 1971   Wilhelm Leutzbach

Inhaltsverzeichnis

Einleitung

Es ist üblich, unter Verkehr die Ortsveränderung von Personen, Gütern und Nachrichten zu verstehen. In Anlehnung hieran sei unter Verkehrsablauf die Ortsveränderung von Fahrzeugen verstanden.

Die Ortsveränderung oder Bewegung eines Fahrzeugs resultiert aus dem Kräftespiel zwischen Fahrzeug und Fahrbahn. Hiermit befaßt sich die Fahrdynamik, über die es für die verschiedenen Verkehrsmittel eine zahlreiche Literatur gibt. Das vorliegende Buch beschreitet einen anderen Weg. Hier wird der Bewegungsvorgang aus der Sicht eines Beobachters betrachtet, der nur die Bewegung selbst, aber nicht die ihr zugrundeliegenden Antriebskräfte sieht. Ist der Bewegungsvorgang dabei determiniert, so beschäftigt sich mit ihm die Kinematik, ist er nicht determinierbar, so wird er ein Problem der mathematischen Statistik.

Die Bewegungen werden eindimensional im Zeit-Weg-Diagramm behandelt, unabhängig davon, ob sie sich auf ebenen oder auf Raumkurven abspielen. Diese Betrachtungsweise bleibt als Abstraktion auch dann erhalten, wenn, wie z.B. bei Überholvorgängen, Longitudinalbewegungen ohne Transversalbewegungen praktisch nicht denkbar sind.

I. Die Bewegung eines einzelnen Fahrzeugs

1. Kinematik des einzelnen Fahrzeugs

1.1 Beschreibung mit zeitabhängigen Größen

1.1.1 Bewegung als Funktion der Zeit

Gegeben sei eine beliebige Bewegungslinie (Abb. I.1)

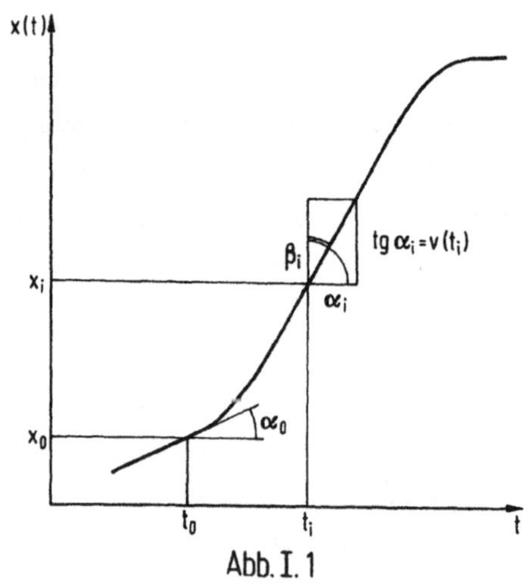

Abb. I.1

Dann ist bei vorgegebener Zeitabhängigkeit:

$$x(t)$$

    – der **W e g** in Abhängigkeit von der Zeit [m],

$$v(t) = \frac{dx}{dt}$$

    – die **G e s c h w i n d i g k e i t** in Abhängigkeit von der Zeit

    = die Änderung des Weges pro Zeiteinheit [m/sec],

$$b(t) = \frac{dv}{dt} = \frac{d^2x}{dt^2}$$

    – die **B e s c h l e u n i g u n g** in Abhängigkeit von der Zeit

    = die Änderung der Geschwindigkeit pro Zeiteinheit [m/sec²],

$$k(t)^{+)} = \frac{db}{dt} = \frac{d^2v}{dt^2} = \frac{d^3x}{dt^3}$$

   – der R u c k in Abhängigkeit von der Zeit
   = die Änderung der Beschleunigung pro Zeiteinheit $[m/sec^3]$,

usw.

Stellen $t_0[sec]$, $x_0[m]$, $v_0[m/sec]$, $b_0[m/sec^2]$ usw. die jeweiligen Anfangsbedingungen dar, dann ergeben sich daraus die folgenden Bewegungsgleichungen:

$$x(t) = x_0 + \int_{t_0}^{t} v(t')dt' \quad^{++)} \tag{I.1}$$

$$v(t) = v_0 + \int_{t_0}^{t} b(t'')dt'' \tag{I.2}$$

$$x(t) = x_0 + \int_{t_0}^{t} v_0 dt' + \int_{t_0}^{t}\int_{t_0}^{t} b(t'')dt''dt' \tag{I.3}$$

$$b(t) = b_0 + \int_{t_0}^{t} k(t''')dt''' \tag{I.4}$$

$$v(t) = v_0 + \int_{t_0}^{t} b_0 dt'' + \int_{t_0}^{t}\int_{t_0}^{t} k(t''')dt'''dt'' \tag{I.5}$$

$$x(t) = x_0 + \int_{t_0}^{t} v_0 dt' + \int_{t_0}^{t}\int_{t_0}^{t} b_0 dt''dt' + \int_{t_0}^{t}\int_{t_0}^{t}\int_{t_0}^{t} k(t''')dt'''dt''dt' \tag{I.6}$$

.
.
.

usw.

In den Beispielen wird aus Gründen der Vereinfachung im allgemeinen $k(t) = 0$ angenommen. Für praktische Bewegungsabläufe ist die Größe des Rucks jedoch sehr wich-
tig, weil durch sie die Erträglichkeitsschwelle charakterisiert wird.

$^{+)}$ In Kapitel II wird mit k die Verkehrsdichte bezeichnet. Weil im Bereich der Kinematik die Bezeichnung k für den Ruck gebräuchlich ist und weil in Kapitel I
nicht mit der Verkehrsdichte und in Kapitel II nicht mit dem Ruck gearbeitet
wird, dürften keine Mißverständnisse entstehen.

$^{++)}$ Die Integrationsvariablen werden mit t', t'', t''' bzw. mit x', x'', x''' bzw. mit
v' bezeichnet, um sie von den Integrationsgrenzen unterscheiden zu können.

Beispiel 1:

Eine Bewegung mit konstanter Geschwindigkeit (Abb. I.2) wird beschrieben durch

$$b(t) = 0$$

$$v(t) = const$$

$$x(t) = x_0 + \int_{t_0}^{t} v\,dt' = x_0 + v(t - t_0)$$

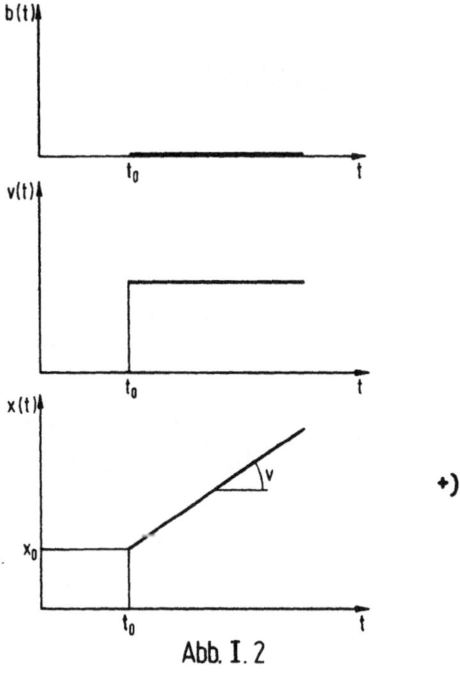

Abb. I. 2

+)

Beispiel 2:

Für eine Bewegung mit konstanter Beschleunigung (Verzögerungen sind negative Beschleunigungen) (Abb. I.3) gilt

$$b(t) = const$$

$$v(t) = v_0 + \int_{t_0}^{t} b\,dt'' = v_0 + b(t - t_0)$$

+) Hier und im folgenden werden die Winkel der Einfachheit halber mit v, nicht mit arc tg v bezeichnet.

$$x(t) = x_0 + \int_{t_0}^{t} v(t')dt'$$

$$= x_0 + \int_{t_0}^{t} [b(t' - t_0) + v_0]dt'$$

$$= x_0 + \frac{1}{2} b(t - t_0)^2 + v_0(t - t_0)$$

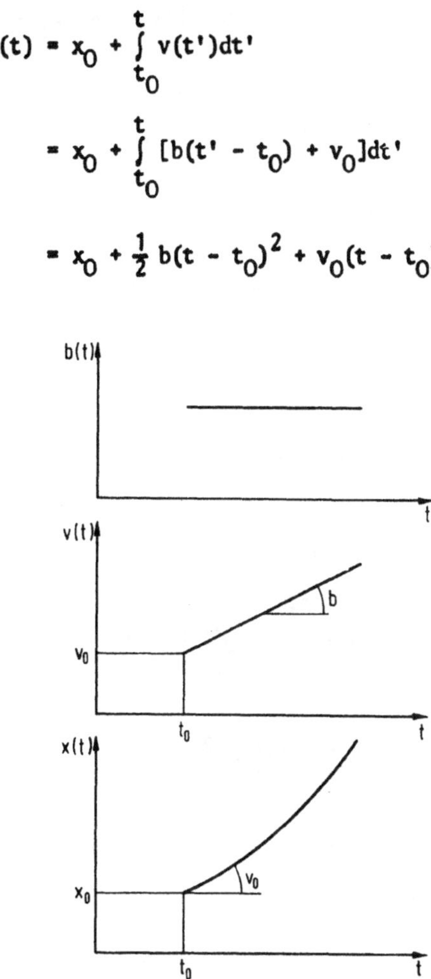

Abb. I. 3

Beispiel 3:

Betrachtet man den Bremsvorgang z.B. eines Kraftfahrzeugs, so ist in vielen Fällen die Verzögerung nicht konstant, sondern nimmt in erster Näherung linear mit der Zeit zu. Dabei kann die Ansprech- und Schwelldauer, in der die Verzögerung von $b = 0$ auf den Anfangswert b_0 anwächst, vernachlässigt werden.

Zur Berechnung eines solchen Bewegungsvorgangs seien folgende Daten gegeben: Ein Fahrzeug bremst von der Anfangsgeschwindigkeit $v_0 = 13,9$ m/sec ($= 50$ km/h) mit einer Anfangsverzögerung $b_0 = -7$ m/sec^2 bis zum Stillstand ab. Dabei soll die Endverzögerung den Maximalwert $b_e = -9,81$ m/sec^2 erreichen. Bremsdauer und Bremsweg sind zu berechnen.

Der Bremsvorgang dauere von $t_0 = 0$ bis zum Zeitpunkt t_1 an.. Für die Verzögerung gilt

$$b(t) = - (at + c) \; .$$

Daraus wird mit den gegebenen Daten

$$b(t) = - (\frac{2,81}{t_1} t + 7) \; .$$

Nach Gl. (I.2) ist

$$v(t) = v_0 + \int_{t_0}^{t} b(t'')dt'' \; .$$

Da $v(t_1) = 0$ sein muß, wird daraus

$$0 = 13,9 + \int_{0}^{t_1} (- \frac{2,81}{t_1} t + 7)dt$$

$$0 = 13,9 - \frac{2,81}{2t_1} t_1^2 - 7t_1 \; .$$

Für die Bremsdauer ergibt sich somit $t_1 = 1,655$ sec.

Nach Gl. (I.3) ist

$$x(t) = x_0 + \int_{t_0}^{t} v_0 dt' + \int_{t_0}^{t} \int_{t_0}^{t} b(t'')dt''dt' \; .$$

Mit $x_0 = 0$ errechnet sich daraus der Bremsweg zu

$$x(t_1) = \int_{0}^{t_1} 13,9 \; dt - \int_{0}^{t_1} \frac{2,81}{2t_1} t^2 + 7t)dt$$

$$x(t_1) = 12,165 \; m \; .$$

Dieser Bremsweg ist allerdings nur der während des eigentlichen Bremsvorgangs zurückgelegte Weg. Nicht berücksichtigt hierbei ist der zusätzlich während der Wahrnehmungs- und Reaktionszeit mit annähernd konstanter Geschwindigkeit zurückgelegte Weg. Darauf wird in Abschn. II.3.3.1.2 näher eingegangen.

1.1.2 Bewegung als Funktion des Weges

Die bisher abgeleiteten Bewegungsgleichungen sind Funktionen der Zeit. Ebenso
kann aber auch der Weg als die unabhängige Variable angesehen werden.

Die Umwandlung erfolgt rein formal[+):

$$v(x) = \frac{1}{dt/dx} \cdot \qquad\qquad (I.7)$$

Das läßt sich trigonometrisch veranschaulichen (Abb. I.1). Ist $v(t_i) = tg\ \alpha_i$, so
ist $v(x_i) = tg\ \alpha_i = 1/tg\ \beta_i$.

Schreibt man Gl. (I.7) in der Form

$$\frac{v(x)}{dx} = \frac{1}{dt} ,$$

so erhält man daraus

$$dt = \frac{dx}{v(x)}$$

und durch Integration

$$t(x) = t_0 + \int_{x_0}^{x} \frac{dx'}{v(x')} \cdot \qquad\qquad (I.8)$$

> Beispiel 4:
> Für eine Bewegung mit $v(x) = const$ ist $b = 0$ (Abb. I.4), und man erhält aus
> Gl. (I.8)
>
> $$t(x) = t_0 + \frac{x - x_0}{v} .$$
>
> Im Beispiel hätte sich $t(x)$ auch direkt als Umkehrfunktion von $x(t)$ aus
> Beisp. 1 ergeben.

[+) Im folgenden wird zur besseren Anschaulichkeit die Geschwindigkeit als Funktion
der Zeit $f(t)$ mit $v(t)$ und die Geschwindigkeit als Funktion des Weges $g(x)$ mit
$v(x)$ bezeichnet.

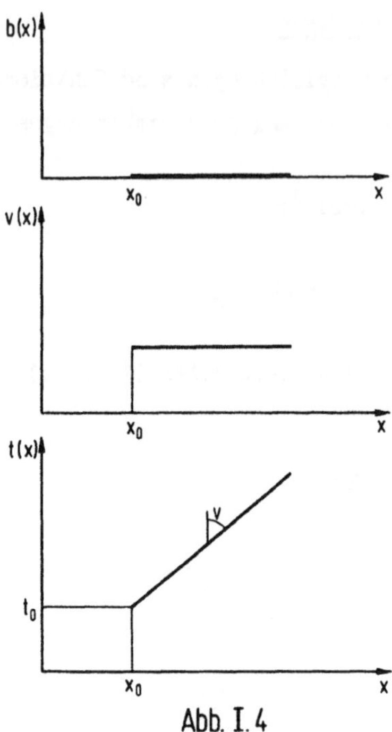

Abb. I.4

Die Beschleunigung (die ja ebenfalls als Funktion der Zeit definiert ist) in Abhängigkeit vom Weg [m/sec^2] erhält man dann aus v(x) mit Hilfe der Kettenregel zu

$$b(x) = \frac{d[v(x)]}{dt} = \frac{d[v(x)]}{dt}\frac{dx}{dx} = \frac{d[v(x)]}{dx}\frac{dx}{dt}$$

$$= \frac{d[v(x)]}{dx}\, v(x) = \frac{d[\frac{1}{2}(v(x))^2]}{dx} \, . \tag{I.9}$$

Daraus ergibt sich

$$d[\tfrac{1}{2}\, v(x)^2] = b(x)dx$$

und damit

$$v(x)^2 = v_0^2 + 2 \int_{x_0}^{x} b(x'')dx''$$

$$v(x) = \sqrt{v_0^2 + 2 \int_{x_0}^{x} b(x'')dx''} \, . \tag{I.10}$$

Beispiel 5:

Betrachtet sei die Bewegung mit $b(t) = b(x) = $ const (Abb. I.5).

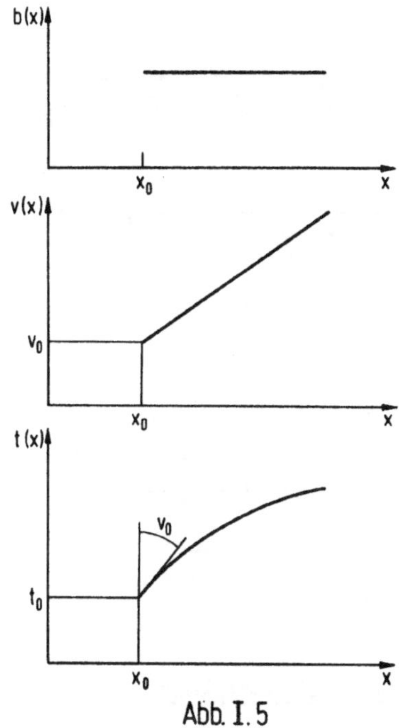

Abb. I.5

Dann ist nach Gl. (I.10)

$$v(x) = \sqrt{v_0^2 + 2b(x - x_0)}\ .$$

$t(x)$ läßt sich auf zwei Wegen errechnen:

1. Aus $v(x)$ wird

$$t(x) = \int_{t_0}^{t} dt' = t_0 + \int_{x_0}^{x} \frac{dx'}{v(x')} = t_0 + \int_{x_0}^{x} \frac{dx'}{\sqrt{v_0^2 + 2b(x' - x_0)}}\ .$$

Weil allgemein gilt

$$\int (a + bx)^n dx = \frac{1}{b(n+1)}(a + bx)^{n+1} + C \qquad \text{für } b \neq 0 \text{ und } n \neq -1$$

folgt daraus

$$t(x) = t_0 + \frac{1}{2b(+\frac{1}{2})}\sqrt{v_0^2 + 2b(x' - x_0)}\ \Big|_{x_0}^{x} = t_0 - \frac{v_0}{b} + \frac{1}{b}\sqrt{v_0^2 + 2b(x - x_0)}\ .$$

2. Aus $x(t)$ in Beisp. 2 ergibt sich $t(x)$ als Umkehrfunktion:

$$x(t) - x_0 = \frac{1}{2} b(t - t_0)^2 + v_0(t - t_0)$$

und daraus

$$t(x) = t_0 - \frac{v_0}{b} + \frac{1}{b}\sqrt{v_0^2 + 2b(x - x_0)} \; .$$

Mit den Anfangsbedingungen $(t_0, v_0) = 0$ vereinfacht sich der Ausdruck zu

$$t(x) = \frac{1}{b}\sqrt{2b(x - x_0)} \; .$$

Weil t nicht negativ werden darf, ist nur die positive Lösung der Wurzel zulässig; mit der Anfangsbedingung $v_0 = 0$ muß b positiv sein, damit überhaupt
eine Bewegung stattfindet. Somit gilt auch

$$\sqrt{v_0^2 + 2b(x - x_0)} \geq 0 \; .$$

1.1.3 Bewegung als Funktion der Geschwindigkeit

Betrachtet man die Geschwindigkeit v als die unabhängige Variable, so wird
entweder aus

$$b = b(v) = \frac{dv}{dt}$$

$$\int_{t_0}^{t} dt' = \int_{v_0}^{v} \frac{dv'}{b(v')}$$

$$t(v) = t_0 + \int_{v_0}^{v} \frac{dv'}{b(v')} \, , \tag{I.11}$$

oder aus

$$b = b(v) = \frac{dv}{dt} = \frac{dv}{dx}\frac{dx}{dt} = \frac{dv}{dx} v = \frac{d(\frac{1}{2} v^2)}{dx} \tag{I.12}$$

$$\int_{x_0}^{x} dx' = \int_{v_0}^{v} \frac{v'}{b(v')} \, dv'$$

$$x(v) = x_0 + \int_{v_0}^{v} \frac{v'}{b(v')} \, dv' \ .$$

(I.13)

Beispiel 6:

Für eine Bewegung mit b = const wird damit

a)

$$t(v) = t_0 + \frac{v - v_0}{b}$$

(und hieraus als Umkehrfunktion

$$v(t) = v_0 + b(t - t_0)$$

wie in Beisp. 2),

und b)

$$x(v) = x_0 + \frac{1}{b} \int_{v_0}^{v} v' dv' = x_0 + \frac{v^2 - v_0^2}{2b}$$

(und hieraus als Umkehrfunktion

$$v(x) = \sqrt{v_0^2 + 2b(x - x_0)}$$

wie in Beisp. 5).

Nimmt man an, b sei proportional v,

$$b = av \ ,$$

so ist a)

$$t(v) = t_0 + \frac{1}{a} \int_{v_0}^{v} \frac{dv'}{v'} = t_0 + \frac{1}{a}(\ln v - \ln v_0) \ ,$$

$$v(t) = e^{at+d}$$

(mit $d = \ln v_0 - at_0$),

$$x(t) = x_0 + \int_{t_0}^{t} e^{at'+d} dt' = x_0 + \frac{1}{a}(e^{at+d} - e^{at_0+d}) \ ,$$

und b)

$$x(v) = x_0 + \frac{1}{a}\int_{v_0}^{v} dv' = x_0 + \frac{v - v_0}{a} \, ,$$

$$v(x) = v_0 + a(x - x_0) \, ,$$

$$t(x) = t_0 + \int_{x_0}^{x} \frac{dx'}{v_0 + a(x' - x_0)} = t_0 + \frac{1}{a}[\ln(v_0 + a(x - x_0)) - \ln v_0] \, .$$

Nimmt man dagegen an, b sei umgekehrt proportional v,

$$b = \frac{p}{v} \, ,$$

so ist a)

$$t(v) = t_0 + \int_{v_0}^{v} \frac{v'dv'}{p} = t_0 + \frac{v^2 - v_0^2}{2p} \, ,$$

$$v(t) = \sqrt{v_0^2 + 2p(t - t_0)} \, ,$$

$$x(t) = x_0 + \int_{t_0}^{t} \sqrt{v_0^2 + 2p(t' - t_0)} \, dt' = x_0 + \frac{2}{3}[v_0^2 + 2p(t - t_0)]^{\frac{3}{2}} \frac{1}{2p} \Big|_{t_0}^{t}$$

$$= x_0 + \frac{1}{3p}[(v_0^2 + 2p(t - t_0))^{\frac{3}{2}} - v_0^3] \, ,$$

und b)

$$x(v) = x_0 + \int_{v_0}^{v} \frac{v'^2}{p} \, dv' = x_0 + \frac{1}{3p}(v^3 - v_0^3) \, ,$$

$$v(x) = [3p(x - x_0) + v_0^3]^{\frac{1}{3}} \, ,$$

$$t(x) = t_0 + \int_{x_0}^{x} \frac{dx'}{v(x')} = t_0 + \int_{x_0}^{x} \frac{dx'}{[3p(x' - x_0) + v_0^3]^{1/3}} \, ,$$

$$= t_0 + \frac{1}{2p}[(3p(x - x_0) + v_0^3)^{\frac{2}{3}} - v_0^2] \, .$$

Beispiel 7:

Für die drei Fälle

$$b = \text{const}$$

$$b = av$$

$$b = \frac{p}{v}$$

mit den Randbedingungen $x_0 = 0$ m, $t_0 = 0$ sec, $v_0 = 1$ m/sec, $b = 2$ m/sec^2, $a = 2$ sec^{-1}, $p = 2$ m^2/sec^3 sind die Bewegungslinien in Abb. I.6 dargestellt.

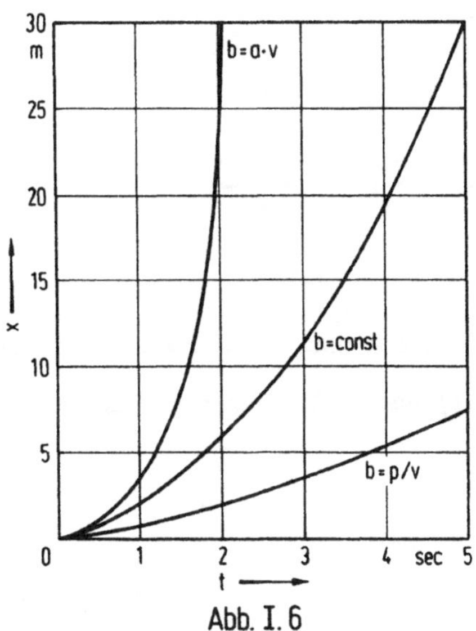

Abb. I. 6

1.2 Beschreibung mit wegabhängigen Größen

Auch wenn in den bisherigen Betrachtungen die Bewegung als Funktion des Weges dargestellt wurde, geschah dies auf der Basis der als zeitabhängige Größe definierten Geschwindigkeit $v = dx/dt$. Das führte zu vergleichsweise unhandlichen Formeln. Nichts hindert jedoch, die gleichen Bewegungsabläufe auf der Basis einer als Funktion des Weges definierten, der Geschwindigkeit analogen Größe zu beschreiben. Das würde einer Betrachtung der Bewegung in einem entsprechend Abb. I.7 gespiegelten Koordinatensystem entsprechen.

Es sei

$$w(x) = \frac{dt(x)}{dx}$$

    – die **L a n g s a m k e i t** in Abhängigkeit vom Weg

    = die Änderung der Zeit pro Wegeinheit [sec/m]

analog zu

$$v(t) = \frac{dx(t)}{dt}$$

$$\underline{c}(x) = \frac{dw(x)}{dx} = \frac{d^2t(x)}{dx^2}$$

analog zu

$$b(t) = \frac{dv(t)}{dt} = \frac{d^2x(t)}{dt^2}$$

$$l(x) = \frac{dc(x)}{dx} = \frac{d^2w(x)}{dx^2} = \frac{d^3t(x)}{dx^3}$$

analog zu

$$k(t) = \frac{db(t)}{dt} = \frac{d^2v(t)}{dt^2} = \frac{d^3x(t)}{dt^3}$$

usw.

Für die Größen $c(x)$ und $l(x)$ wurden noch keine Namen gefunden.

Den Zusammenhang zwischen $v(t)$ und $w(x)$ veranschaulicht Abb. I.7:

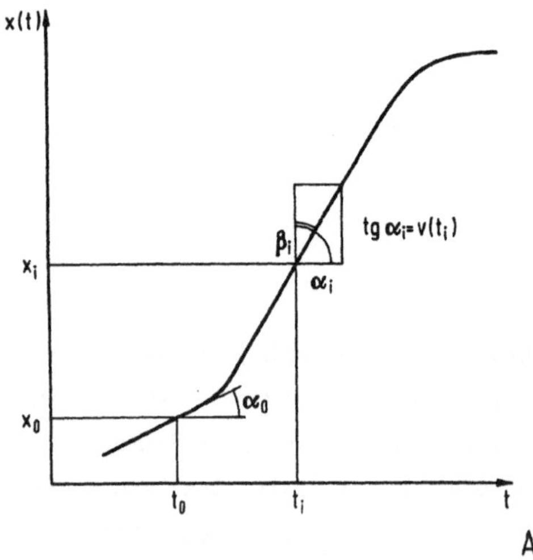

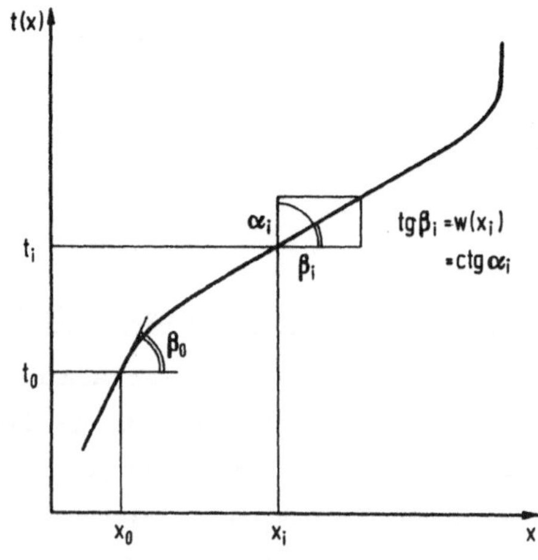

Abb. I.7

$v(t)$ ist das Steigungsmaß der Funktion $x = x(t)$; $v(t_i) = tg\,\alpha_i$,

$w(x)$ ist das Steigungsmaß der inversen Funktion $t = t(x)$; $w(x_i) = tg\,\beta_i = ctg\,\alpha_i$.

Beim zahlenmäßigen Rechnen mit w können sich dadurch Schwierigkeiten ergeben, daß für $v \to 0$ $w \to \infty$ geht (s. Abb. I.8).

Wie in den vorhergehenden Abschnitten lassen sich Bewegungsgleichungen entwickeln. Stellen wieder t_0 [sec], x_0 [m] und nunmehr entsprechend w_0 [sec/m], c_0 [sec/m^2] usw. die jeweiligen Anfangsbedingungen dar, dann ist

$$t(x) = t_0 + \int_{x_0}^{x} w(x')dx' \tag{I.14}$$

$$w(x) = w_0 + \int_{x_0}^{x} c(x'')dx'' \tag{I.15}$$

$$t(x) = t_0 + \int_{x_0}^{x} w_0 dx' + \int_{x_0}^{x}\int_{x_0}^{x} c(x'')dx''dx' \tag{I.16}$$

$$c(x) = c_0 + \int_{x_0}^{x} l(x''')dx''' \tag{I.17}$$

$$w(x) = w_0 + \int_{x_0}^{x} c_0 dx'' + \int_{x_0}^{x}\int_{x_0}^{x} l(x''')dx'''dx'' \tag{I.18}$$

$$t(x) = t_0 + \int_{x_0}^{x} w_0 dx' + \int_{x_0}^{x}\int_{x_0}^{x} c_0 dx''dx' + \int_{x_0}^{x}\int_{x_0}^{x}\int_{x_0}^{x} l(x''')dx'''dx''dx' \tag{I.19}$$

.
.
.

usw.

Beispiel 8:

Für eine Bewegung mit $c(x) = 0$, $l(x) = 0$ und $w(x) = $ const ist

$$t(x) = t_0 + \int_{x_0}^{x} w dx' = t_0 + w(x - x_0)$$

(entsprechend $t(x) = t_0 + \dfrac{x - x_0}{v}$; vgl. Beisp. 4).

Mit $t_0 = 0$ sec und $x - x_0 = 1000$ m wird

$$t(x) = 1000w$$

und daraus

$$\frac{t}{1000} = w$$

d.h. die Zeit in sec, die ein Fahrzeug zum Durchfahren einer 1 km langen
Strecke benötigt, ist gleich der Langsamkeit w in sec/km.

Den Zusammenhang zwischen t, v und w verdeutlicht Abb. I.8:

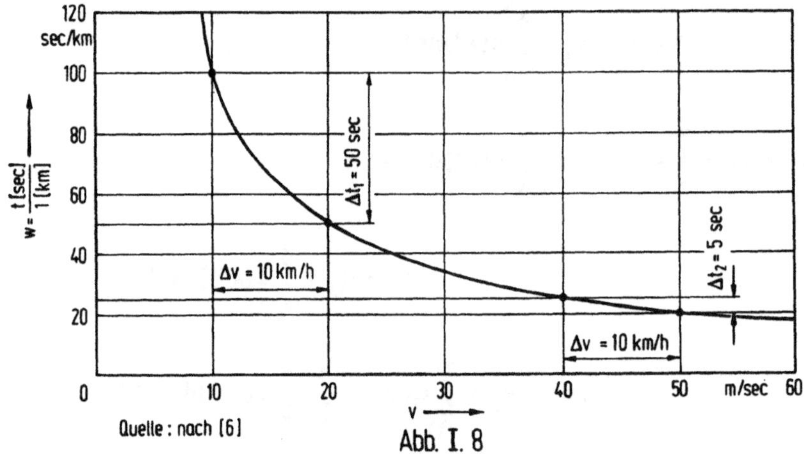

Abb. I. 8

Man erkennt an der Abbildung außerdem, daß der Zeitgewinn Δt (auf eine Strecken-
länge von 1 km bezogen) bei einer Erhöhung der Geschwindigkeit um einen konstanten Betrag Δv umso kleiner wird, je höher die Ausgangsgeschwindigkeit liegt.

Beispiel 9:
Für $l(x) = 0$ und $c(x) = $ const wird

$$w(x) = w_0 + \int_{x_0}^{x} c\,dx'' = w_0 + c(x - x_0)$$

(vgl. Beisp. 2)

$$t(x) = t_0 + \int_{x_0}^{x} w(x')\,dx' = t_0 + w_0(x - x_0) + \int_{x_0}^{x} c(x'' - x_0)\,dx''$$

$$= t_0 + w_0(x - x_0) + \frac{1}{2}c(x - x_0)^2 \, .$$

Beispiel 10:

Abb. I.9 stellt als Illustration für eine Anfahrbewegung mit $(x_0, t_0, v_0) = 0$ und $b = \text{const}$ neben $v(t)$ auch $w(x)$ und $c(x)$ dar:

$$t(x) = \sqrt{\frac{2x}{b}}$$

$$w(x) = \frac{dt}{dx} = \frac{1}{\sqrt{2bx}}$$

$$c(x) = \frac{dw}{dx} = \frac{-1}{2x\sqrt{2bx}} = -\frac{w(x)}{2x}$$

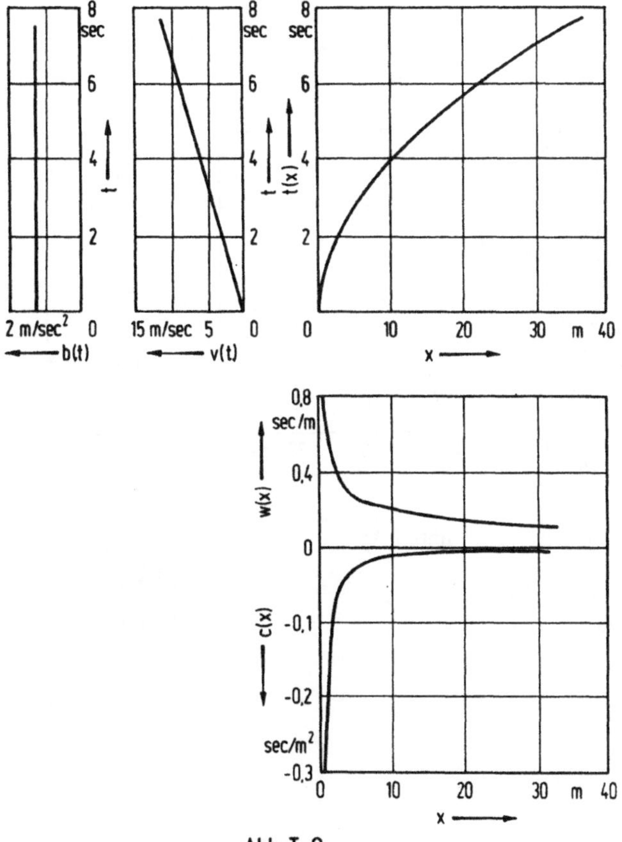

Abb. I.9

Beispiel 11:

Für einen Bewegungsvorgang mit $c = $ const und den Anfangsbedingungen $(x_0, t_0, w_0) = 0$ ergibt sich analog (Abb. I.10):

$$w(x) = \int_0^x c\,dx'' = cx$$

$$t(x) = \int_0^x cx'\,dx' = \tfrac{1}{2}cx^2$$

$$x(t) = \sqrt{\frac{2t}{c}}$$

$$v(t) = \frac{1}{\sqrt{2ct}}$$

$$b(t) = -\frac{1}{2t\sqrt{2ct}} = -\frac{v(t)}{2t}$$

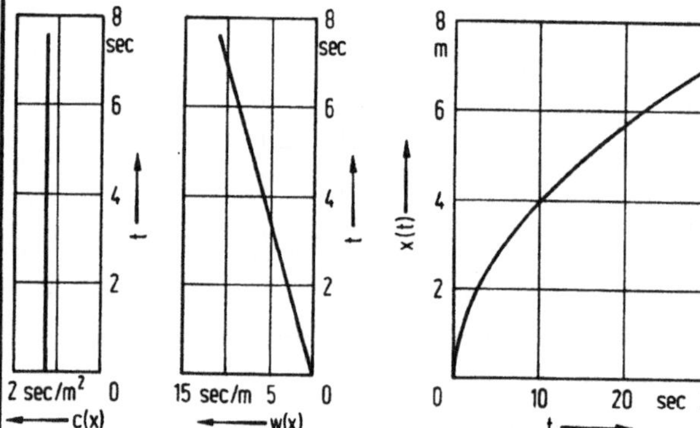

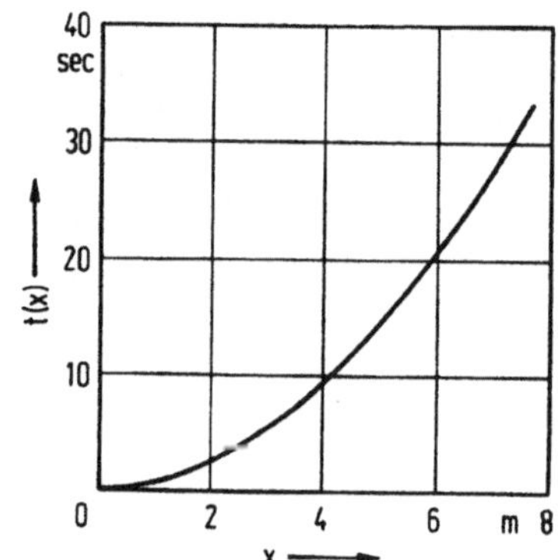

Abb. I.10

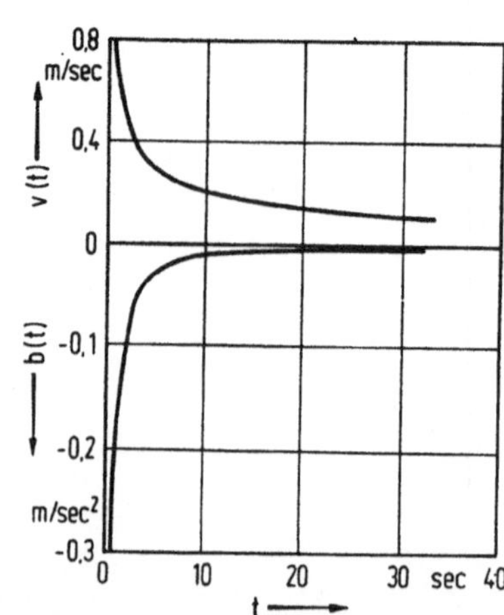

Eine derartige Bewegung, bei der zu Beginn der Betrachtung $v(t)$ unendlich groß ist, ist irreal. Realistisch wird der Bewegungsablauf erst, wenn die Betrachtung mit einem von null verschiedenen, positiven Wert der Langsamkeit beginnt.

> Beispiel 12:
>
> Es seien die Anfangsbedingungen $(x_0, t_0) = 0$, $w_0, c = $ const. Aus $t(x)$ in Beisp. 9 erhält man die Umkehrfunktion
>
> $$x(t) = x_0 - \frac{w_0}{c} + \frac{1}{c}\sqrt{2c(t - t_0) + w_0^2}$$
>
> (vgl. Beisp. 5) oder, mit den Anfangsbedingungen $(x_0, t_0) = 0$,
>
> $$x(t) = -\frac{w_0}{c} + \frac{1}{c}\sqrt{2ct + w_0^2} \ .$$
>
> Daraus wird
>
> $$v(t) = \frac{2c}{2c\sqrt{2ct + w_0^2}} = \frac{1}{\sqrt{2ct + w_0^2}} \ .$$
>
> Das aber zeigt die triviale Tatsache, daß, wie vorausgesetzt, der Anfangslangsamkeit w_0 die Anfangsgeschwindigkeit $v_0 = 1/w_0$ entspricht, und daß für $t \to \infty$ bei $c = $ const $v(t) \to 0$ geht (vgl. Abb. I.10).

Mit Gl. (I.10) erhält man für $b(t) = b(x) = $ const

$$w(x) = \frac{1}{v(x)} = \frac{1}{\sqrt{v_0^2 + 2b(x - x_0)}} \qquad (I.20)$$

und

$$c(x) = -\frac{b}{[v_0^2 + 2b(x - x_0)]\sqrt{v_0^2 + 2b(x - x_0)}} \qquad (I.21)$$

Danach ist a)

$c(x) \neq$ const für $b = $ const (und umgekehrt, wie sich ähnlich zeigen läßt)

und b)

$c(x)$ negativ, wenn b positiv ist (und umgekehrt), weil der Nenner von Gl. (I.21) nicht negativ werden kann (s. Beisp. 5, Punkt 2).

1.3 Graphische Umformung

Sind die einzelnen Bewegungsgrößen als Funktion der Zeit oder des Weges in einer Form gegeben, die sich nicht oder nur schwer analytisch beschreiben läßt, so kann man

wenn $x(t)$ gegeben ist, $v(t)$ und $b(t)$ durch graphische Differentiation und

wenn b(t) gegeben ist, v(t) und x(t) durch graphische Integration
gewinnen. Entsprechendes gilt, wenn man von t(x), v(x) oder b(x) ausgeht.

Will man Bewegungsgrößen, die als Funktion der Zeit gegeben sind, in Funktionen des
Weges umtransformieren (oder umgekehrt), so kann man das graphisch durch Spiegelung
an einer unter 45° geneigten Geraden durchführen (Abb. I.11).

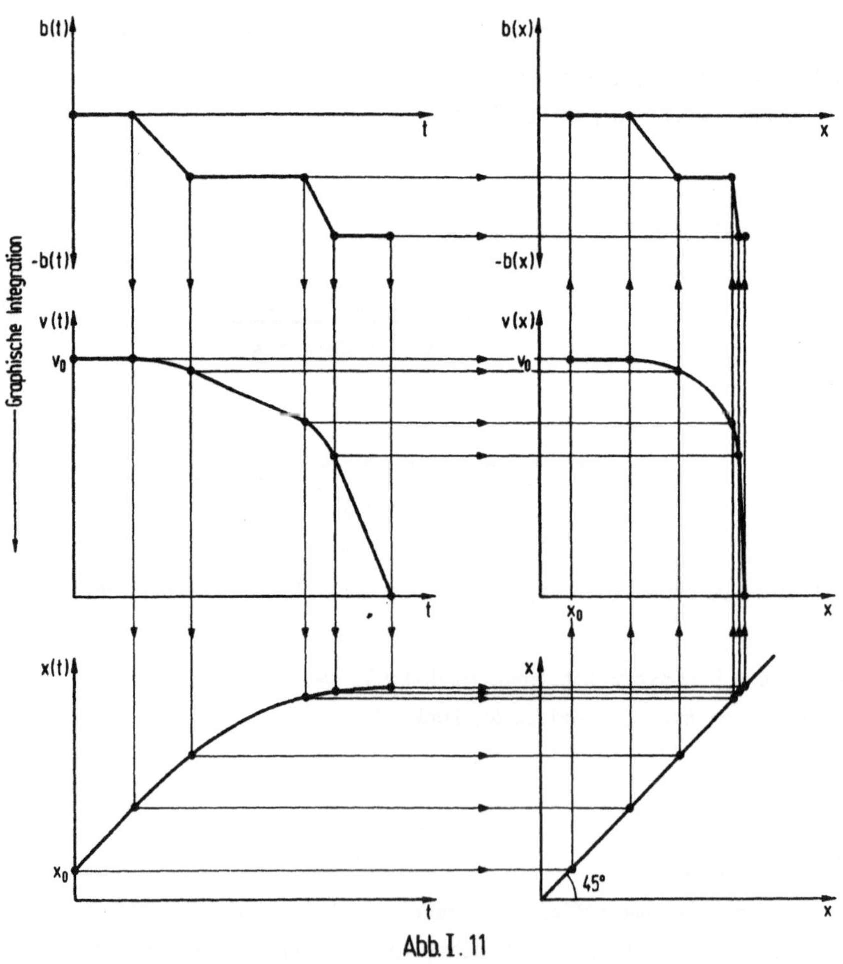

Abb. I.11

Ausgehend beispielsweise von einem vorgegebenen $b(t)$-Diagramm und mit den Anfangsbedingungen v_0 und x_0 können durch graphische Integration $v(t)$ und $x(t)$ konstru-
iert werden. Durch Spiegelung an der Winkelhalbierenden in einem x-x-Koordinaten-
system erhält man $v(x)$ und daraus durch graphische Differentiation $b(x)$.

2. Statistik der Bewegung des Einzelfahrzeugs

In vielen praktischen Fällen ist die Annahme einer Bewegung, die durch eine der im
vorherigen Abschnitt erläuterten Bewegungsgleichungen beschrieben wird, eine, wenn
auch nützliche, Annäherung: In Wirklichkeit finden häufig Schwankungen der Geschwindigkeit und der Beschleunigung statt, und zwar aufgrund so vieler nicht vorhersehba-
rer Einflüsse, daß der Bewegungsablauf einen mehr zufälligen als einen determinier-
ten Eindruck macht. Besonders deutlich wird das beim motorisierten Straßenverkehr,
bei dem die Bewegung eines bestimmten Fahrzeugs in einem bestimmten Augenblick nicht
nur vom Wunsch des Fahrers diktiert wird, eine bestimmte Geschwindigkeit zu fahren
(und selbst diese Wunschgeschwindigkeit schwankt von Zeit zu Zeit), sondern in starkem Maße von den jeweiligen Straßenbedingungen, Witterungsbedingungen, der Existenz
anderer Fahrzeuge auf der Fahrbahn usw. beeinflußt wird. Ähnlichen Bewegungsschwan-
kungen unterliegen Schiffe und Flugzeuge durch z.B. wechselnde Strömungsverhältnisse
usw. Abb. I.12 illustriere im Zeit-Weg-Diagramm eine solche Bewegung.

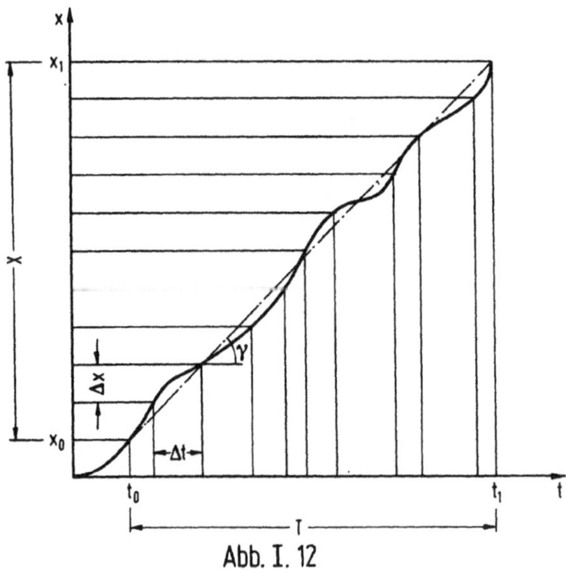

Abb. I. 12

2.1 Mittelwert und Streuung von Geschwindigkeiten

Die Beschreibung solch unregelmäßiger Bewegungen kann statistisch erfolgen.

Hat man beispielsweise in m Zeit- bzw. n Wegintervallen die Geschwindigkeiten gemessen, und trägt man entsprechend Abb. I.13 in ein Koordinatensystem ein, wie häufig (z.B. m_1-mal bzw. n_1-mal) Geschwindigkeiten zwischen $(0,\Delta v)$, $(\Delta v, 2\Delta v)$ usw., oder allgemein, wie häufig (z.B. m_i-mal bzw. n_i-mal) Geschwindigkeiten zwischen $((i - 1)\Delta v, i\Delta v)$ beobachtet wurden

$$\left(\text{mit } \sum_{i=1}^{k} m_i = m \quad \text{bzw.} \quad \sum_{i=1}^{k} n_i = n\right)$$

so erhält man die absolute Häufigkeitsverteilung der Geschwindigkeiten des beobachteten Fahrzeugs während der Zeit T bzw. über die Strecke X.

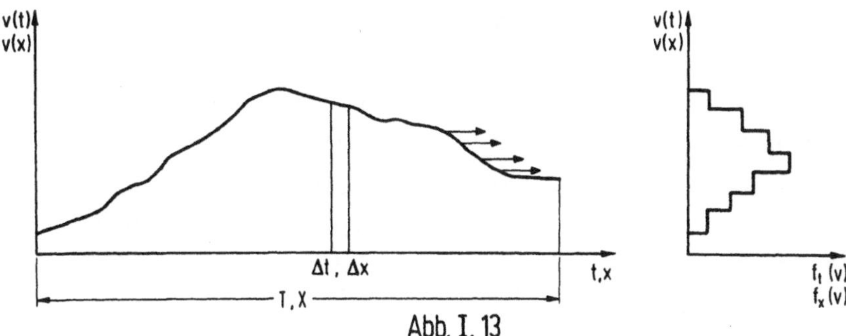

Abb. I. 13

Der Verlauf der Geschwindigkeit über der Zeit heißt G e s c h w i n d i g k e i t s - g a n g l i n i e , der Verlauf der Geschwindigkeit über den Weg G e s c h w i n - d i g k e i t s p r o f i l .

Trägt man statt der absoluten Häufigkeiten m_i bzw. n_i die auf m bzw. n bezogenen Häufigkeiten

$$m_i/m = f_t(v_i), \text{ wenn v als Funktion der Zeit, und}$$
$$n_i/n = f_x(v_i), \text{ wenn v als Funktion des Weges}$$

betrachtet wird, auf, so erhält man die r e l a t i v e   H ä u f i g k e i t und durch Aufsummieren die   r e l a t i v e   S u m m e n h ä u f i g k e i t .

Um empirische Häufigkeitsverteilungen numerisch beschreiben zu können, berechnet man statistische Maßzahlen. Für die vorliegenden Betrachtungen genügen im allgemeinen zwei:

  das arithmetische Mittel und

  die Streuung bzw. mittlere quadratische Abweichung.

Beispiel 13:

Es seien die Geschwindigkeiten von m = 229 Intervallen m_i einer Geschwindigkeitsganglinie gemessen worden (beispielsweise mit einem Fahrtenschreiber). Sie wurden zu Klassen entsprechend folgender Tabelle zusammengefaßt:

Geschwindig- keitsklassen [km/h]	Absolute Häufigk. der Zeitinterv.	Relative Häufigk. $f_t(v_i)$	Relative Summenhäufigk. $F_t(v \leq v_i)$
22,5 - 27,5	3	0,0132	0,0132
27,5 - 32,5	5	0,0218	0,0350
32,5 - 37,5	10	0,0436	0,0786
37,5 - 42,5	22	0,0961	0,1747
42,5 - 47,5	31	0,1354	0,3101
47,5 - 52,5	33	0,1440	0,4541
52,5 - 57,5	35	0,1528	0,6069
57,5 - 62,5	31	0,1354	0,7423
62,5 - 67,5	23	0,1006	0,8429
67,5 - 72,5	19	0,0830	0,9259
72,5 - 77,5	10	0,0436	0,9695
77,5 - 82,5	5	0,0218	0,9913
82,5 - 87,5	2	0,0087	1,0000
	m = 229	1,0000	

Mittelwert:

$$\bar{v}_t = \frac{1}{m}\sum_{i=1}^{m} v_i = \frac{1}{229}(25 + 25 + 25 + 30 + 30 + 30 + 30 + 30 + \ldots + 85 + 85)$$

$$= 54,0 \text{ km/h} .$$

Für v_i wird dabei unabhängig von der tatsächlichen Verteilung der Geschwindigkeiten innerhalb einer Klasse der Geschwindigkeitswert in der Mitte der Klasse
eingesetzt.

Streuung:

$$s_t^2 = \frac{1}{m - 1}\sum_{i=1}^{m}(v_i - \bar{v})^2 = 151 \text{ km}^2/\text{h}^2 .$$

(Zur Frage, warum hier im Nenner m - 1 statt m steht, sei auf die einschlägige
statistische Literatur verwiesen.)

Standardabweichung (das ist die Wurzel aus der Streuung):

$$s_t = \sqrt{s^2} = 12,3 \text{ km/h} .$$

Den Mittelwert kann man auch dadurch errechnen, daß man die Fläche unter der Geschwindigkeitsganglinie bzw. unter dem Geschwindigkeitsprofil in ein flächengleiches Rechteck verwandelt (Abb. I.14). Es ist dann

$$\left(\text{mit } \int_{t_0}^{t_1} dt = t_1 - t_0 = T\right)$$

$$\hat{v}_t = \frac{\int_{t_0}^{t_1} v(t)dt}{\int_{t_0}^{t_1} dt} = \frac{1}{T} \int_{t_0}^{t_1} v(t)dt \qquad (I.22)$$

bzw.

$$\left(\text{mit } \int_{x_0}^{x_1} dx = x_1 - x_0 = X\right)$$

$$\hat{v}_x = \frac{\int_{x_0}^{x_1} v(x)dx}{\int_{x_0}^{x_1} dx} = \frac{1}{X} \int_{x_0}^{x_1} v(x)dx \qquad (I.23)$$

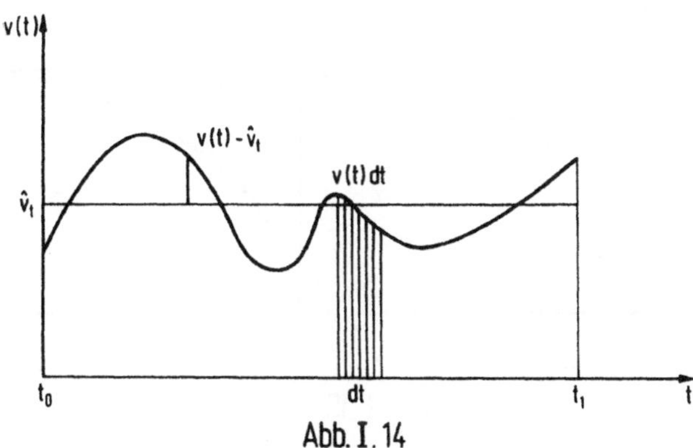

Abb. I.14

$\hat{v}_t$, der Mittelwert der Geschwindigkeitsganglinie, wird als R e i s e g e s c h w i n - d i g k e i t bezeichnet; $\hat{v}_x$, der Mittelwert des Geschwindigkeitsprofils, heißt S t r e c k e n g e s c h w i n d i g k e i t.

Weil in Gl. (I.22)

$$\int_{t_0}^{t_1} v(t)dt = \int_{t_0}^{t_1} \frac{dx}{dt} dt = \int_{x_0}^{x_1} dx = X$$

ist, entspricht die Reisegeschwindigkeit im Zeit-Weg-Diagramm dem Neigungswinkel der Geraden zwischen den Punkten (t_0, x_0) und (t_1, x_1):

$$\hat{v}_t = tg\ \gamma = \frac{X}{T}$$

(s. Abb. I.12).

Wie in Beisp. 13 errechnet sich die Streuung einer Geschwindigkeitsganglinie bzw. eines Geschwindigkeitsprofils aus dem mittleren Abweichungsquadrat der Geschwindigkeiten um den Mittelwert (s. Abb. I.14):

$$\sigma_t^2 = \frac{1}{T} \int^T [v(t) - \hat{v}_t]^2 dt = \frac{1}{T}[\int^T v(t)^2 dt - 2\hat{v}_t \int^T v(t)dt + \hat{v}_t^2 \int^T dt]$$

oder, mit

$$\frac{1}{T} \int^T v(t)dt = \hat{v}_t \quad \text{und} \quad \int^T dt = T$$

$$\sigma_t^2 = \frac{1}{T} \int^T v(t)^2 dt - \hat{v}_t^2 \ . \tag{I.24}$$

Entsprechend ist

$$\sigma_x^2 = \frac{1}{X} \int^X v(x)^2 dx - \hat{v}_x^2 \ . \tag{I.25}$$

Beispiel 14 (Abb. I.15):

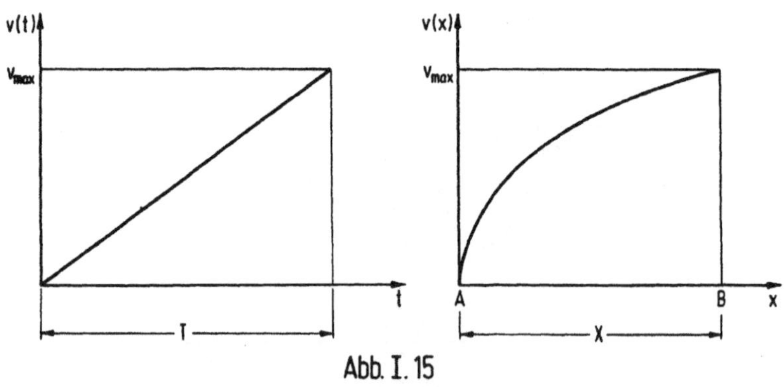

Abb. I. 15

Ein Fahrzeug bewege sich zwischen zwei Punkten A und B mit konstanter Beschleunigung b von $v = 0$ bis $v = v_{max}$. Dann ist bei Betrachtung über die Zeit

$$v = v(t) = bt$$

$$\hat{v}_t = \frac{1}{T} \int^T bt\,dt = \frac{1}{2}v_{max} \ ,$$

wie man auch direkt durch Umwandlung der Fläche des Dreiecks unter der Geschwindigkeitsganglinie in ein flächengleiches Rechteck erhält.

Die Streuung ist

$$\sigma_t^2 = \frac{1}{T} \int^T b^2 t^2 dt - (\tfrac{1}{2}v_{max})^2 = \tfrac{1}{12}v_{max}^2 \ .$$

Bei entsprechender Betrachtung über den Weg ergibt sich

$$v(x) = \sqrt{2bx}$$

$$\hat{v}_x = \frac{1}{X} \int^X \sqrt{2bx} \ dx = \tfrac{2}{3}v_{max}$$

$$\sigma_x^2 = \frac{1}{X} \int^X 2bx \, dx - (\tfrac{2}{3}v_{max})^2 = \tfrac{1}{18}v_{max}^2 \ .$$

Ist der Geschwindigkeitsverlauf eines Fahrzeugs als Funktion der Zeit oder des Weges gegeben, läßt sich daraus in Analogie zur Wahrscheinlichkeitsdichte bzw. Verteilungsfunktion[+] eine Häufigkeitsdichte bzw. Häufigkeitsverteilung errechnen: Die Häufigkeit für das Auftreten einer bestimmten Geschwindigkeit v_i ist das Verhältnis derjenigen Zeit Δt_i (bzw. des Weges Δx_i), während der v_i auftritt, zur gesamten Beobachtungszeit T (bzw. Δx_i zur Beobachtungsstrecke X):

$$f_t(v_i) = \frac{\Delta t_i}{T} \qquad \text{bzw.} \qquad f_x(v_i) = \frac{\Delta x_i}{X} \ . \tag{I.26}$$

Die Summenhäufigkeit erhält man daraus durch Aufsummieren zu

$$F_t(v \leq v_i) = \sum_{v \leq v_i} \frac{\Delta t_k}{T} \qquad \text{bzw.} \qquad F_x(v \leq v_i) = \sum_{v \leq v_i} \frac{\Delta x_k}{X} \ . \tag{I.27}$$

Wird das Intervall Δt bzw. Δx genügend klein, so können in Gl. (I.27) das Summenzeichen durch ein Integralzeichen und Δt bzw. Δx durch dt bzw. dx ersetzt werden. Da die Integration über v erfolgt, wird daraus die Häufigkeitsverteilung

$$F_t(v) = \frac{1}{T} \int_0^v \frac{dt}{dv} \, dv \qquad \text{bzw.} \qquad F_x(v) = \frac{1}{X} \int_0^v \frac{dx}{dv} \, dv \ . \tag{I.28}$$

Der Quotient dt/dv bzw. dx/dv ist aber gerade die Ableitung der Umkehrfunktion von v(t) bzw. v(x) nach der Geschwindigkeit. Weil gilt

$$dF_t(v) = f_t(v)dv \qquad \text{bzw.} \qquad dF_x(v) = f_x(v)dv \ ,$$

erhält man aus Gl. (I.28) die Häufigkeitsdichte

$$f_t(v) = \frac{1}{T} \frac{dt}{dv} \qquad \text{bzw.} \qquad f_x(v) = \frac{1}{X} \frac{dx}{dv} \ . \tag{I.29}$$

Besonders gilt

[+] Dem mit mathematischer Statistik noch nicht vertrauten Leser wird empfohlen, hierzu und zu den folgenden Gleichungen Abschn. II.1 heranzuziehen.

$$\int_0^{v_{max}} f_t(v)\,dv = 1 \qquad\text{bzw.}\qquad \int_0^{v_{max}} f_x(v)\,dv = 1 \quad^{+)} \qquad\qquad (I.29a)$$

Im Gegensatz zu den in Beisp. 14 verwendeten Formeln werden hier Mittelwert und Streuung über die Häufigkeitsdichte errechnet:

$$\bar{v}_t = \int_0^{v_{max}} v f_t(v)\,dv \qquad\text{bzw.}\qquad \bar{v}_x = \int_0^{v_{max}} v f_x(v)\,dv \quad^{++)} \qquad (I.30)$$

$$\bar{\sigma}_t^2 = \int_0^{v_{max}} (v - \bar{v}_t)^2 f_t(v)\,dv \qquad\text{bzw.}\qquad \bar{\sigma}_x^2 = \int_0^{v_{max}} (v - \bar{v}_x)^2 f_x(v)\,dv \; . \qquad (I.31)$$

Die mit den Gln. (I.30) und (I.31) errechneten Maßzahlen müssen mit denjenigen aus der Geschwindigkeitsganglinie bzw. dem Geschwindigkeitsprofil identisch sein.

> **Fortsetzung Beispiel 14:**
>
> Für den Bewegungsvorgang mit b = const ergibt sich bei Betrachtung über die Zeit nach Gl. (I.29) mit der Umkehrfunktion t(v) = (1/b)v und dt/dv = 1/b
>
> $$f_t(v) = \frac{1}{bT}$$
>
> oder, mit $v_{max} = bT$
>
> $$f_t(v) = \frac{1}{v_{max}}$$
>
> (s. Abb. 16a).
>
> 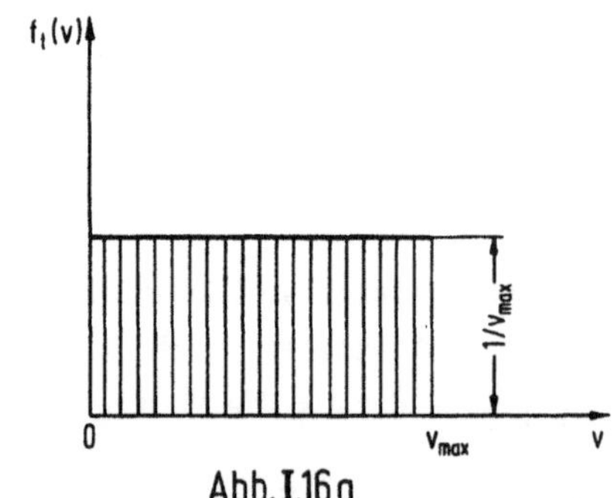
>
>
> Abb. I.16a

$^{+)}$ Die obere Integrationsgrenze v_{max} bedeutet, daß v(t) bzw. v(x) monoton wachsende Funktionen sein müssen. Andernfalls ist eine abschnittsweise Berechnung erforderlich.

$^{++)}$ Um schon im Symbol zwischen der Berechnung von Mittelwert und Streuung aus einer Häufigkeitsdichte und der Berechnung aus einer Ganglinie bzw. einem Profil zu unterscheiden, werden folgende Bezeichnungen gewählt:

$$\hat{v}_t , \sigma_t^2 \qquad\qquad \text{Geschwindigkeitsganglinie } v(t)$$

$$\hat{v}_x , \sigma_x^2 \qquad\qquad \text{Geschwindigkeitsprofil } v(x)$$

Berechnung über

$$\bar{v}_t , \bar{\sigma}_t^2 \qquad\qquad \text{Häufigkeitsdichte } f_t(v)$$

$$\bar{v}_x , \bar{\sigma}_x^2 \qquad\qquad \text{Häufigkeitsdichte } f_x(v)$$

Nach Gl. (I.30) wird dann

$$\bar{v}_t = \int_0^{v_{max}} v \frac{1}{v_{max}}\, dv = \frac{1}{2} v_{max}$$

wie oben, und nach Gl. (I.31)

$$\bar{\sigma}_t^2 = \int_0^{v_{max}} (v - \bar{v}_t)^2 \frac{1}{v_{max}}\, dv = \int_0^{v_{max}} v^2 \frac{1}{v_{max}}\, dv - (\frac{1}{2} v_{max})^2 = \frac{1}{12} v_{max}^2$$

wie oben.

2.2 Zusammenhang zwischen den Parametern der zeitabhängigen und der wegabhängigen Bewegung

Wie sich zeigen läßt, besteht zwischen der Häufigkeitsdichte $f_t(v)$ der über die Zeit gemessenen Geschwindigkeiten und der Häufigkeitsdichte $f_x(v)$ der über den Weg gemessenen Geschwindigkeiten folgende Beziehung (vgl. auch Abschn. II.2.3.2, Gl. (II.25)):

Wenn ein Fahrzeug in einer Zeit T einen Streckenabschnitt X durchfährt, beträgt die Zeitdauer, in der es mit der Geschwindigkeit v fährt

$$t_v = T f_t(v)$$

Der Streckenabschnitt, auf dem das Fahrzeug mit der Geschwindigkeit v fährt, ist

$$x_v = X f_x(v)$$

Zwischen x_v und t_v besteht der Zusammenhang

$$x_v = v t_v$$

Daraus erhält man

$$X f_x(v) = T f_t(v) v$$

$$f_x(v) = \frac{v}{X/T} f_t(v)$$

und wegen $X/T = \bar{v}_t$

$$f_x(v) = \frac{v}{\bar{v}_t} f_t(v) \tag{I.32}$$

Fortsetzung Beispiel 14:

Damit wird

$$f_x(v) = \bar{v} \frac{2}{v_{max}} \cdot \frac{1}{v_{max}} = \frac{2v}{v_{max}^2}$$

(Abb. I.16b), wie sich auch aus Gl. (I.29) errechnen läßt, und nach Gl. (I.30):

$$\bar{v}_x = \int_0^{v_{max}} \frac{2v^2}{v_{max}^2}\, dv = \frac{2}{3}\, v_{max}$$

sowie nach Gl. (I.31)

$$\bar{\sigma}_x^2 = \int_0^{v_{max}} \frac{2v^3}{v_{max}^2}\, dv - \left(\frac{2}{3}\, v_{max}\right)^2 = \frac{1}{18}\, v_{max}^2$$

ebenfalls wie oben.

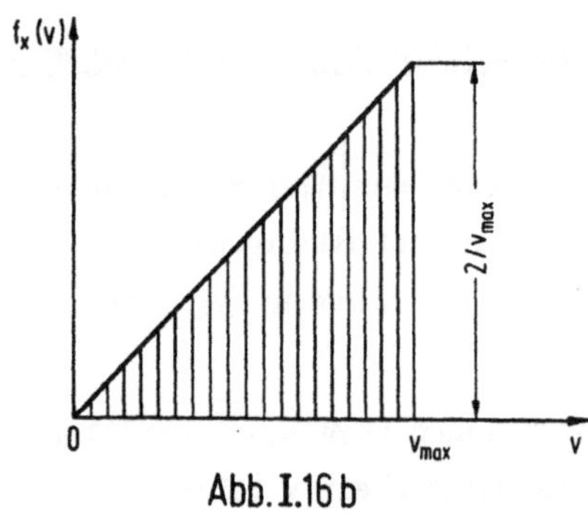

Abb. I.16 b

Es ist also gleich, ob man die statistischen Maßzahlen einer Bewegung als Funktion
der Zeit (bzw. des Weges) aus der Geschwindigkeitsganglinie (bzw. dem Geschwindigkeitsprofil) oder den zugehörigen Häufigkeitsdichten berechnet.

Der Zusammenhang zwischen $\bar{v}_x$ und $\bar{v}_t$ kann mit Gl. (I.32) errechnet werden zu

$$\bar{v}_x = \int_0^{v_{max}} v f_x(v)\,dv = \int_0^{v_{max}} \frac{v^2}{\bar{v}_t}\, f_t(v)\,dv = \frac{1}{\bar{v}_t} \int_0^{v_{max}} v^2 f_t(v)\,dv \ . \qquad (I.33)$$

Nach Gl. (I.31) gilt

$$\bar{\sigma}_t^2 = \int_0^{v_{max}} (v - \bar{v}_t)^2 f_t(v)\,dv = \int_0^{v_{max}} (v^2 - 2v\bar{v}_t + \bar{v}_t^2) f_t(v)\,dv$$

$$= \int_0^{v_{max}} v^2 f_t(v)\,dv - 2\bar{v}_t \int_0^{v_{max}} v f_t(v)\,dv + \bar{v}_t^2 \int_0^{v_{max}} f_t(v)\,dv \ .$$

Mit den Gln. (I.30) und (I.29a) wird daraus

$$\bar{\sigma}_t^2 = \int_0^{v_{max}} v^2 f_t(v)\,dv - 2\bar{v}_t\bar{v}_t + \bar{v}_t^2 = \int_0^{v_{max}} v^2 f_t(v)\,dv - \bar{v}_t^2 \ .$$

Durch Umformen ergibt sich

$$\int_0^{v_{max}} v^2 f_t(v)dv = \bar{\sigma}_t^2 + \bar{v}_t^2 \qquad (I.34)$$

Gl.(I.34) in Gl. (I.33) eingesetzt, liefert die gesuchte Beziehung

$$\bar{v}_x = \bar{v}_t + \frac{\bar{\sigma}_t^2}{\bar{v}_t} \qquad (I.35)$$

Auch die Streuung σ_x^2 läßt sich durch zeitabhängige Maßzahlen ausdrücken. Dieser Zusammenhang sei ohne Ableitung angegeben.

$$\bar{\sigma}_x^2 = \frac{\omega_t}{\bar{v}_t} - 2\bar{\sigma}_t^2 - \bar{v}_t^2 - \frac{\bar{\sigma}_t^4}{\bar{v}_t^2} \qquad (I.36)$$

mit

$$\omega_t = \int_0^{v_{max}} v^3 f_t(v)dv \;.$$

Für Beisp. 14 ergibt sich damit aus Gl. (I.35)

$$\bar{v}_x = \frac{1}{2}v_{max} + \frac{\frac{1}{12}v_{max}^2}{\frac{1}{2}v_{max}} = \frac{2}{3}v_{max}$$

und aus Gl. (I.36) mit

$$\omega_t = \int_0^{v_{max}} v^3 \frac{1}{v_{max}}dv = \frac{v_{max}^3}{4}$$

$$\bar{\sigma}_x^2 = \frac{1}{2}v_{max}^2 - \frac{1}{6}v_{max}^2 - \frac{1}{4}v_{max}^2 - \frac{1}{36}v_{max}^2 = \frac{1}{18}v_{max}^2$$

jeweils in Übereinstimmung mit den früheren Ergebnissen.

Für ein und denselben Bewegungsvorgang unterscheiden sich Mittelwert und Streuung einer Bewegung als Funktion der Zeit also deutlich von denen der Bewegung als Funktion des Weges. Das wird besonders klar, wenn man eine Bewegung mit Zwischenaufenthalt betrachtet (Abb. I.17): Während in die Berechnung der Reisegeschwindigkeit offensichtlich die Dauer der Aufenthalte eingeht, ist das bei der Berechnung der Streckengeschwindigkeit nicht der Fall. Ihre Größe ist unabhängig davon, wie lange ein Fahrzeug auf einem Punkt der Strecke mit der Geschwindigkeit v = 0 steht. Die Streckengeschwindigkeit kann daher bei all den Untersuchungen hilfreich sein, bei

denen man den Einfluß von Aufenthalten (beispielsweise Wartezeiten an Lichtsignalanlagen) eliminieren will.

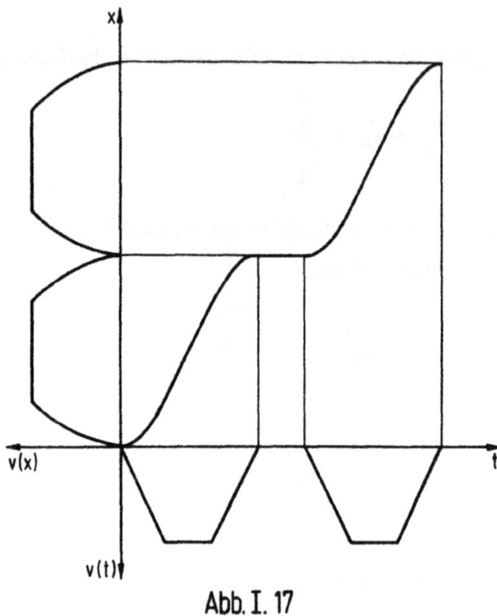

Abb. I. 17

Nun läßt sich selbstverständlich auch die Langsamkeit w als Funktion des Weges oder
der Zeit darstellen; die zugehörigen Mittelwerte errechnen sich (mit $t_1 - t_0 = T$
und $x_1 - x_0 = X$) zu

$$\hat{w}_x = \frac{1}{X} \int_{x_0}^{x_1} w(x)\,dx = \frac{\int_{x_0}^{x_1} \frac{dt}{dx}\,dx}{\int_{x_0}^{x_1} dx} = \frac{\int_{t_0}^{t_1} dt}{\int_{x_0}^{x_1} dx} = \frac{T}{X} = \frac{1}{\hat{v}_t}$$

und

$$\hat{w}(t) = \frac{1}{T} \int_{t_0}^{t_1} w(t)\,dt$$

Damit lassen sich alle vier Mittelwerte der Geschwindigkeit und der Langsamkeit in
übersichtlicher Form darstellen:

$$\hat{v}_t = \frac{\int\limits^T v(t)dt}{\int\limits^X w(x)dx} \qquad\qquad \hat{w}_t = \frac{\int\limits^T w(t)dt}{\int\limits^X w(x)dx}$$

$$\hat{w}_x = \frac{\int\limits^X w(x)dx}{\int\limits^T v(t)dt} \qquad\qquad \hat{v}_x = \frac{\int\limits^X v(x)dx}{\int\limits^T v(t)dt}$$

Reziprozität besteht also nicht nur zwischen der als zeitabhängige Größe definierten Geschwindigkeit v und der als wegabhängige Größe definierten Langsamkeit w, sondern ebenso zwischen dem Mittelwert der Geschwindigkeit über der Zeit (der Reisegeschwindigkeit) und dem Mittelwert der Langsamkeit über den Weg. (Wegen einer ähnlichen Reziprozität zwischen dem Erwartungswert momentan gemessener Geschwindigkeiten und dem Erwartungswert lokal gemessener Langsamkeiten s. Abschn. II.2.3.2).

Zur Berechnung der vier Mittelwerte genügt demnach die Kenntnis von vier bestimmten Integralen.

Beispiel 15:

Gegeben sei auch hier wieder die Bewegung eines Fahrzeugs, das mit konstanter Beschleunigung von $v = 0$ bis $v = v_{max}$ beschleunigt. Dann ist (mit $t_0 = 0$ und $x_0 = 0$)

$$v(t) = bt; \qquad\qquad bT = v_{max}$$

$$x(t) = \tfrac{1}{2}bt^2 = \frac{v^2}{2b}; \qquad\qquad t(x) = \sqrt{\frac{2x}{b}}$$

$$v(x) = \sqrt{2bx}; \qquad\qquad \sqrt{2bX} = v_{max}$$

$$w(t) = \frac{1}{v(t)} = \frac{1}{bt}$$

$$w(x) = \frac{1}{v(x)} = \frac{1}{\sqrt{2bx}}$$

Daraus werden die gesuchten Integrale:

$$\int\limits^T v(t)dt = \int\limits^T bt\,dt = \tfrac{1}{2}bT^2 = \frac{v_{max}T}{2} \qquad (= \int\limits^X dx = X)$$

$$\int\limits^X v(x)dx = \int\limits^X \sqrt{2bx}\ dx = \tfrac{2}{3}Xv_{max}$$

$$\int\limits^X w(x)dx = \int\limits^X \frac{dx}{\sqrt{2bx}} = \sqrt{\frac{2X}{b}} \qquad (= \int\limits^T dt = T)\ .$$

$$\int^{T} w(t)\,dt = \int^{T} \frac{dt}{bt} = \frac{1}{b}(\ln T + \infty) = \infty$$

Dann ist

$$\hat{v}_t = \frac{v_{max}T}{2T} = \frac{1}{2}v_{max}$$

$$\hat{w}_x = \frac{2T}{v_{max}T} = \frac{2}{v_{max}}$$

$$\hat{v}_x = \frac{2Xv_{max}}{3X} = \frac{2}{3}v_{max}$$

$$\hat{w}_t = \frac{\infty}{T} = \infty$$

II. Die Bewegung mehrerer Fahrzeuge auf einem Weg

Bewegen sich mehrere Fahrzeuge auf einem Verkehrsweg, so wird im folgenden (in teilweiser Abweichung von der in der Physik üblichen Bezeichnungsweise) von einem Verkehrs s t r o m gesprochen. Die Existenz und der Einfluß von Knotenpunkten (Kreuzungen, Einmündungen, aber auch Schleusen und sonstigen Haltepunkten jeder Art) wird ausgeklammert: Betrachtet wird also der Verkehrsablauf auf einer Weg s t r e c k e. Die Bewegungslinien der einzelnen Elemente (Fahrzeuge) des Verkehrsstroms können sich überschneiden, wenn Überholungen möglich sind (Abb. II.1).

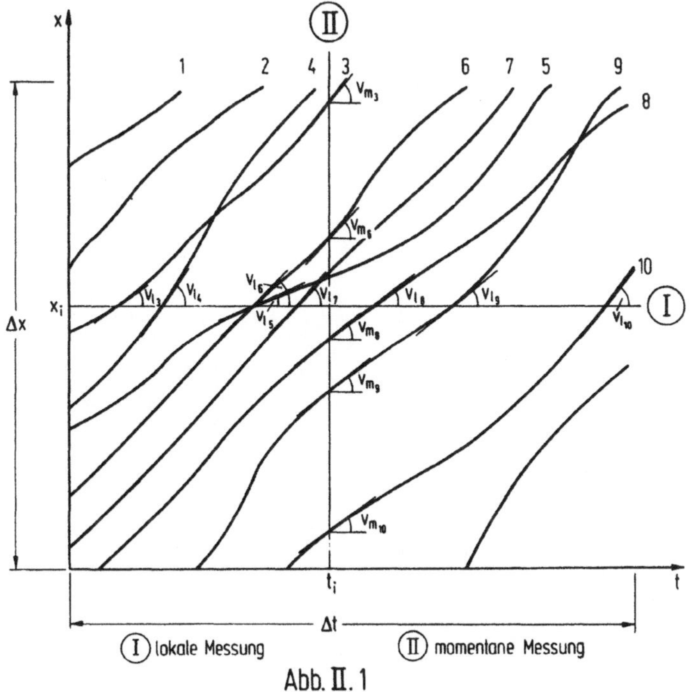

Abb. II.1

Dabei nennt man Messungen eines Verkehrsparameters an einem bestimmten Querschnitt über ein Zeitintervall l o k a l e Beobachtung und Messungen zu einem bestimmten Zeitpunkt über ein Wegintervall m o m e n t a n e Beobachtung.

Deterministische Modelle zur Beschreibung eines Verkehrsstroms setzen die Kenntnis der Bewegung jedes einzelnen Fahrzeugs voraus. Mit ihnen kann man dann die Parameter des Verkehrsstroms an jeder Stelle und zu jedem Zeitpunkt angeben. Bei bestimmten Verkehrssystemen, wie z.B. dem Straßenverkehr oder dem Binnenwasserstraßenverkehr, ist die Bewegung jedes einzelnen Fahrzeugs zwar auch determiniert; es läßt sich also angeben, warum ein Fahrzeug zu einem bestimmten Zeitpunkt sich an einem bestimmten Ort befindet. Die Zahl der die Bewegung beeinflußenden Faktoren ist aber so groß, daß die Bewegungen für einen außenstehenden Beobachter den Charakter des Zufälligen tragen. Damit wird der Verkehrsablauf zu einem stochastischen Prozeß; Angaben über bestimmte charakteristische Eigenschaften (Parameter) sind nur noch mit Wahrscheinlichkeit möglich. Bevor daher zur Definition und Beschreibung solcher Parameter übergegangen wird, sei ein kurzer Abschnitt über Wahrscheinlichkeitsverteilungen eingefügt.

1. Verteilungen und ihre Parameter

In Abschn. I.2 war die Bewegung eines Einzelfahrzeugs bereits durch Mittelwert und Streuung von Häufigkeitsdichten beschrieben worden, die aus (u.a. auch deterministischen) Geschwindigkeitsganglinien bzw. Geschwindigkeitsprofilen hergeleitet wurden. Unter bestimmten Voraussetzungen[+], die für die Beispiele des oben erwähnten Abschnitts in aller Regel nicht zutreffen, läßt sich die relative Häufigkeit auch als Wahrscheinlichkeit interpretieren.

Es sei X eine beliebige Zufallsvariable, die nur diskrete Werte annehmen kann. Dann ist die Wahrscheinlichkeit, daß X einen Wert x_i annimmt

$$P[X = x_i] = p_i \qquad (II.1)$$

und man nennt

$$f(x) = \begin{cases} P[X=x] = p_i & \text{für } x = x_i \\ 0 & \text{sonst} \end{cases} \qquad (II.2)$$

die W a h r s c h e i n l i c h k e i t s f u n k t i o n der diskreten Zufallsvariablen X. Die Wahrscheinlichkeit, daß X einen beliebigen Wert kleiner oder gleich x annimmt

$$P[X \leq x] = F(x) = \sum_{x_i \leq x} p_i \qquad (II.3)$$

nennt man die V e r t e i l u n g s f u n k t i o n von X.

Besonders ist

$$P[X \leq +\infty] = \sum_{x_i \leq +\infty} p_i = 1 \qquad (II.4)$$

[+] Eine Voraussetzung ist, daß die betrachtete Variable (= Zufallsvariable) bei jeder Realisation des dazugehörigen Experiments einen zufälligen Wert annimmt. Das gilt aber nicht für solche Variablen, die durch eine deterministische Funktion beschrieben werden (wie das in den Beispielen von Abschn. I.2 der Fall war). Eine weitere Voraussetzung ist, daß entgegen den bisherigen Beispielen nicht mehr nur eine Stichprobe betrachtet wird, sondern alle Begriffe auf die Grundgesamtheit bezogen werden.

Häufig wird die Wahrscheinlichkeitsfunktion auch mit $dF(x)$ bezeichnet und die Wahrscheinlichkeit, daß die Zufallsvariable X einen Wert x_i annimmt, mit $dF(x_i)$. Es gilt also

$$dF(x) = f(x)$$

$$dF(x_i) = P[X = x_i] = p_i$$

Der E r w a r t u n g s w e r t von X – das ist der Wert, der bei der Realisation der Zufallsvariablen im Mittel zu erwarten ist und also dem Mittelwert entspricht – errechnet sich zu

$$E(X) = \sum_{\substack{x_i \leq +\infty \\ i}} x_i p_i \qquad\qquad (II.5)$$

Liegt eine Stichprobe vom Umfang n vor, dann ergibt das arithmetische Mittel

$$\bar{x} = \frac{1}{n} \sum_{i=1}^{n} x_i$$

(vgl. Beisp. 13) den besten Schätzwert für den Erwartungswert $E(X)$.

Die V a r i a n z (oder Streuung) – sie entspricht der mittleren quadratischen Abweichung – errechnet sich zu

$$\sigma^2 = \sum_{\substack{x_i \leq +\infty \\ i}} (x_i - E(X))^2 p_i \qquad\qquad (II.6)$$

Die mittlere quadratische Abweichung aus einer Stichprobe vom Umfang n

$$s^2 = \frac{1}{n-1} \sum_{i=1}^{n} (x_i - \bar{x})^2$$

(vgl. Beisp. 13) ergibt den besten Schätzwert für die Varianz σ^2.

> Beispiel 16:
>
> Eine diskrete Verteilung ist die im Verkehrswesen häufig gebrauchte Poisson-Verteilung. (Näheres dazu s. Abschn. II.2.4). Damit läßt sich z.B. errechnen, wie groß bei stationärem Verkehrsfluß (vgl. Abschn. II.2.1) die Wahrscheinlichkeit dafür ist, daß innerhalb eines Zeitintervalls Δt m Fahrzeuge über einen Querschnitt fahren.
>
> Für die Wahrscheinlichkeitsfunktion der Poisson-Verteilung gilt
>
> $$P[M = m] = \frac{(\lambda \Delta t)^m}{m!} e^{-\lambda \Delta t}$$
>
> und für die Verteilungsfunktion

$$P[M \leq m] = \sum_{m_i \leq m} \frac{(\lambda \Delta t)^{m_i}}{m_i!} \, e^{-\lambda \Delta t}$$

Dabei ist $\lambda \Delta t$ die Anzahl von Fahrzeugen, die im Mittel während konstanter Zeit-
intervalle Δt beobachtet wurde. (Zur Definition von λ s. Abschn. II.2.1). Die
Form der Wahrscheinlichkeitsfunktion hängt von der Größe des Parameters $\lambda \Delta t$ ab
(Abb. II.2):

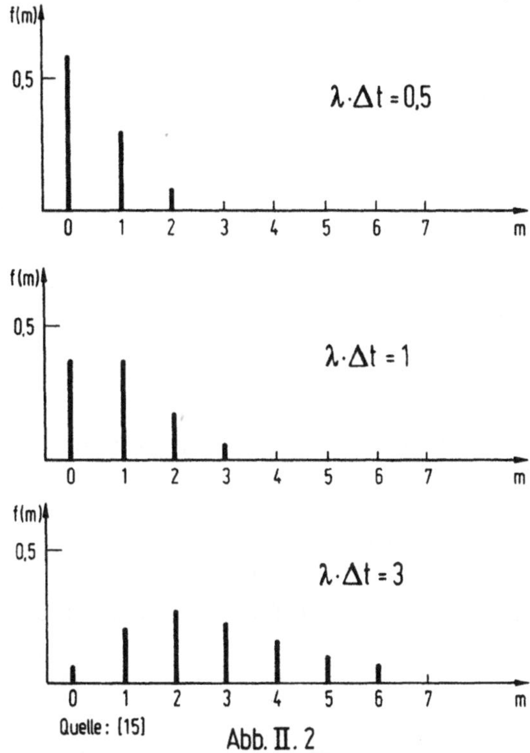

Abb. II.2

Für λ = 0,5 Fhz/sec z.B. ist die Wahrscheinlichkeit, daß im Zeitintervall Δt
= 10 sec m = 3 Fhz beobachtet werden

$$P[M = 3] = \frac{(0,5 \cdot 10)^3}{3!} \, e^{-0,5 \cdot 10} = 0,1404$$

und die Wahrscheinlichkeit, daß weniger als vier Fahrzeuge beobachtet werden

$$P[M \leq 3] = \sum_{m_i = 0}^{m_i = 3} \frac{(0,5 \cdot 10)^{m_i}}{m_i!} \, e^{-0,5 \cdot 10} = 0,2650$$

Wenn eine Zufallsvariable X nicht nur diskrete Werte annehmen kann, sondern alle
Werte eines Bereichs, dann ist sie s t e t i g. Für eine stetige Zufallsvariable
X ist die Wahrscheinlichkeit, daß sie einen Wert zwischen x und x + dx annimmt
(Abb. II.3a)

$$P[x \leq X \leq x + dx] = \int_{x}^{x+dx} f(y) \, dy \tag{II.7}$$

Man nennt f(x) die W a h r s c h e i n l i c h k e i t s d i c h t e der Zufallsvariablen X.

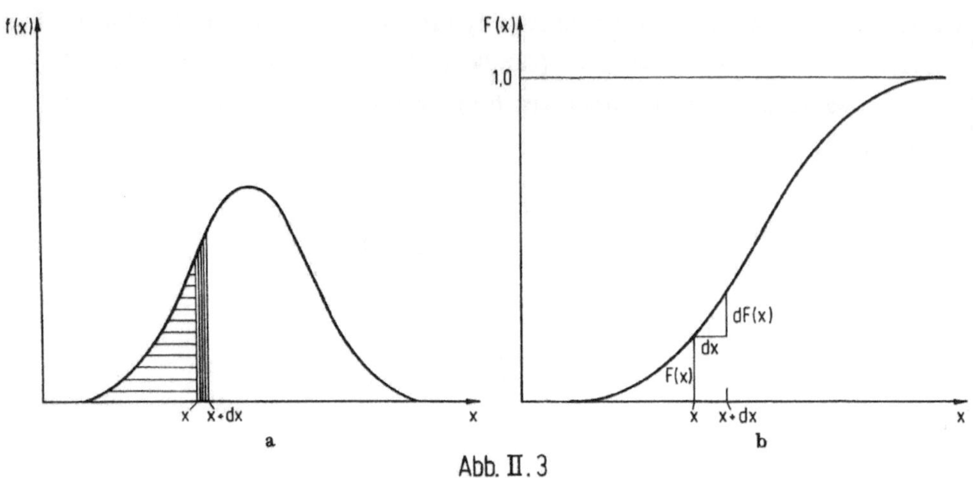

Abb. II.3

Die Wahrscheinlichkeit, daß X einen beliebigen Wert kleiner oder gleich x annimmt
(Abb. II.3b)

$$P[X \leq x] = F(x) = \int_{-\infty}^{x} f(y)dy \qquad\qquad (II.8)$$

nennt man analog zu diskreten Zufallsvariablen die V e r t e i l u n g s f u n k -
t i o n von X.

Besonders ist

$$P[X \leq +\infty] = \int_{-\infty}^{+\infty} f(x)dx = 1 . \qquad\qquad (II.9)$$

Die Wahrscheinlichkeitsdichte f(x) ist also die Ableitung der Verteilungsfunktion
F(x): f(x) = dF(x)/dx. Für die Wahrscheinlichkeit, daß die Zufallsvariable X einen
Wert zwischen x und x + dx annimmt, kann demnach auch geschrieben werden

$$dF(x) = f(x)dx .$$

Der E r w a r t u n g s w e r t einer stetigen Zufallsvariablen X errechnet sich
zu

$$E(X) = \int_{-\infty}^{+\infty} xf(x)dx . \qquad\qquad (II.10)$$

Auch hierbei ist der beste Schätzwert für den Erwartungswert das arithmetische Mittel einer Stichprobe vom Umfang n.

Die Berechnung des Erwartungswertes läßt sich als Schwerpunktsbestimmung der Fläche unter der Wahrscheinlichkeitsdichte um die Ordinate veranschaulichen (Abb. II.4):

Es ist die Summe der Momente der Teilflächen

$$\int_{-\infty}^{+\infty} xf(x)dx$$

gleich dem Moment der Gesamtfläche um die Ordinate

$$\bar{x}\int_{-\infty}^{+\infty} f(x)dx \ .$$

Mit Gl. (II.9) wird daraus Gl. (II.10).

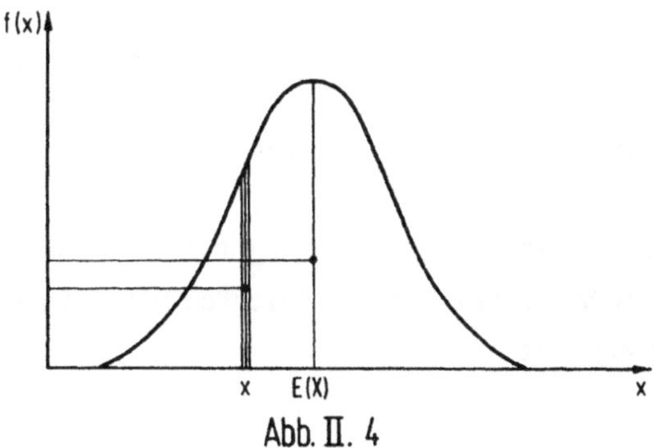

Abb. II. 4

Die Form von Wahrscheinlichkeitsdichten wird durch die Abweichungen der Einzelwerte vom Erwartungswert charakterisiert. Die Größe

$$\int_{-\infty}^{+\infty}[x - E(X)]^n f(x)dx \tag{II.11}$$

nennt man das n-te zentrierte Moment einer stetigen Verteilung.

Insbesondere wird
für n = 0

$$\int_{-\infty}^{+\infty}[x - E(X)]^0 f(x)dx = \int_{-\infty}^{+\infty} f(x)dx = 1$$

das O-te zentrierte Moment gleich der Fläche unter der Wahrscheinlichkeitsdichte;
für n = 1

$$\int_{-\infty}^{+\infty}[x - E(X)]^1 f(x)dx = \int_{-\infty}^{+\infty} xf(x)dx - E(X)\int_{-\infty}^{+\infty} f(x)dx = E(X) - E(X) = 0$$

für n = 2

$$\sigma^2 = \int\limits_{-\infty}^{+\infty}[x - E(X)]^2 f(x)dx = \int\limits_{-\infty}^{+\infty}[x^2 - 2xE(X) + E(X)^2]f(x)dx \ .$$

Weil in Erweiterung von Gl. (II.10) allgemein für das n-te Moment einer Zufallsvariablen X

$$\int\limits_{-\infty}^{+\infty} x^n f(x)dx = E(X^n)$$

gilt, wird daraus die **V a r i a n z** (oder Streuung)

$$\sigma^2 = \int\limits_{-\infty}^{+\infty} x^2 f(x)dx - 2E(X)\int\limits_{-\infty}^{+\infty} xf(x)dx + E(X)^2\int\limits_{-\infty}^{+\infty} f(x)dx$$

$$= E(X^2) - 2[E(X)]^2 + [E(X)]^2 = E(X^2) - [E(X)]^2 \ . \qquad (II.12)$$

Den besten Schätzwert erhält man genau wie bei einer diskreten Zufallsvariablen.

Abb. II.5 illustriert skizzenhaft den Zusammenhang zwischen Form der Wahrscheinlichkeitsdichte und Varianz für Wahrscheinlichkeitsdichten mit unterschiedlicher Varianz, aber gleichem Erwartungswert:

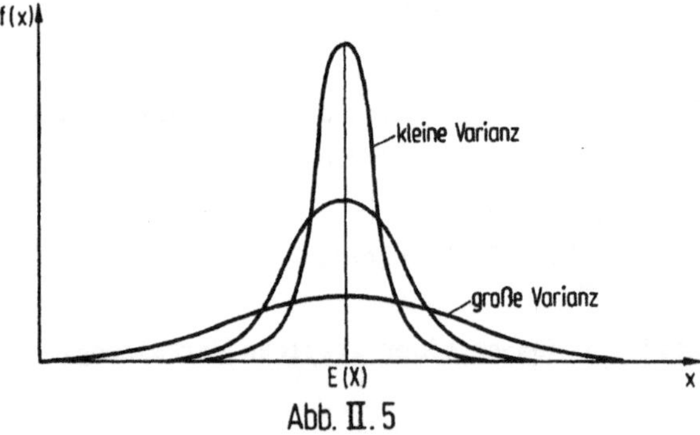

Abb. II.5

Die **S c h i e f e** schließlich ist mit Hilfe des dritten zentrierten Moments definiert zu

$$\gamma = \frac{1}{\sigma^3}E[(X - E(X))^3] \ . \qquad (II.13)$$

Für eine **s y m m e t r i s c h e** Wahrscheinlichkeitsdichte ist

$$E[(X - E(X))^3] = 0 \quad \text{bzw.} \quad \gamma = 0$$

Eine Wahrscheinlichkeitsdichte heißt **l i n k s** schief (oder hat eine **n e g a-**

t i v e Schiefe) wenn

$$E[(X - E(X))^3] < 0 \quad \text{und damit} \quad \gamma < 0$$

und r e c h t s schief (oder hat eine p o s i t i v e Schiefe), wenn

$$E[(X - E(X))^3] > 0 \quad \text{und damit} \quad \gamma > 0$$

ist (Abb. II.6).

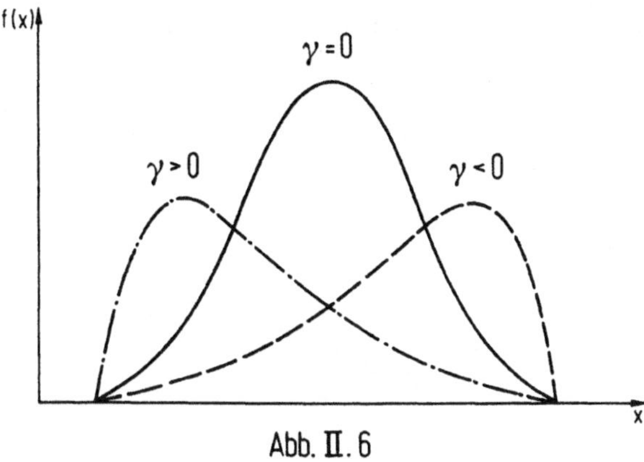

Abb. II. 6

2. Parameter zur Beschreibung des Verkehrsstroms

2.1 Der Einheitenstrom aus lokalen Messungen

Beobachtet man an einem festen Meßquerschnitt x_i über eine bestimmte Zeit Δt hinweg (Abb. II.1) den Verkehrsablauf derart, daß man (beispielsweise anhand der Notierungen eines Zeitschreibers) fortlaufend vermerkt, wann jeweils ein weiteres Fahrzeug die Summe der bereits beobachteten Elemente $\Phi_{x_i}(t)$ um eine Einheit vergrößert (Abb. II.7), dann nennt man $\Phi_{x_i}(t)$ einen "nicht abnehmenden stochastischen Prozeß mit ganzzahligen Zuwächsen" oder einen E i n h e i t e n s t r o m.

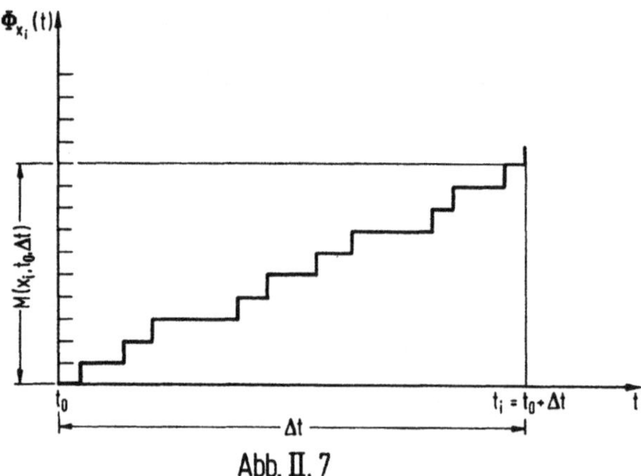

Abb. II.7

Der Quotient

$$q = \frac{\Phi_{x_i}(t_i) - \Phi_{x_i}(t_0)}{\Delta t} = \frac{M(x_i,t_0,\Delta t)}{\Delta t} \qquad (II.14)$$

[Fhz/Zeitintervall] heißt die S t ä r k e des Verkehrsstroms oder die Verkehrsstärke. Sie ist also exakt nur definiert unter Angabe des Zeitintervalls Δt, in dem die Fahrzeugmenge M beobachtet worden ist. Eine Interpolation auf kürzere oder eine Extrapolation auf längere Zeitintervalle ist nicht ohne weiteres möglich.

Den Grenzübergang

$$\lim_{\Delta t \to 0} \frac{P[M(x_i,t,\Delta t) \geq 1]}{\Delta t} = \lambda_{x_i}(t) \qquad\qquad (II.15)$$

[Fhz/Zeiteinheit] nennt man die I n t e n s i t ä t des Verkehrsstroms an der
Stelle x_i. Sie ist im allgemeinen eine Funktion der Zeit; der Prozeß heißt dann
i n s t a t i o n ä r über die Zeit. Ist die Intensität von der Zeit unabhängig,
ist der Prozeß s t a t i o n ä r über die Zeit.

$\lambda_{x_i}(t)$dt läßt sich anschaulich interpretieren als die Wahrscheinlichkeit, mit der in
einem beliebig kleinen Zeitintervall bei x_i ein oder mehrere Fahrzeuge zu erwarten
sind. Zumindest solange der Verkehrsstrom nicht sehr stark ist, verschwinden mit
gegen null strebender Intervallänge die Wahrscheinlichkeiten $P[M(x_i,t,\Delta t) > 1]$
(also dafür, daß das Auftreten eines Fahrzeugs zu einem bestimmten Zeitpunkt bei
x_i das Auftreten weiterer Fahrzeuge zur gleichen Zeit an der gleichen Stelle, beispielsweise auf benachbarten Spuren, nach sich zieht):

$$\lambda_{x_i}(t) = \lim_{\Delta t \to 0} \frac{P[M(x_i,t,\Delta t) = 1]}{\Delta t} \ .$$

Ist der Prozeß stationär über die Zeit, und ist λ_{x_i} = const bekannt, dann ist der
Erwartungswert, in einem Intervall Δt $M(x_i,t,\Delta t)$ Fahrzeuge zu beobachten,

$$E(M) = \lambda \Delta t \quad [Fhz] \qquad\qquad (II.16)$$

> Beispiel 17:
> Es sei λ = 0,2 Fhz/sec. Dann sind in 10 min zu erwarten M = 0,2 · 600 = 120
> Fhz, und es ist q = 120 Fhz/10 min.

Schätzt man umgekehrt λ aus e i n e r lokalen Beobachtung (vgl. Abschn. II.2.3.2),
so läßt sich E(M) für größere oder kleinere Zeitintervalle als das Beobachtungsin-
tervall daraus nur errechnen, wenn Stationarität über die Zeit gegeben ist (s. Abb.
II.8; sonst ist M $\neq \lambda \Delta t'$ um mehr als zufällige Abweichungen.

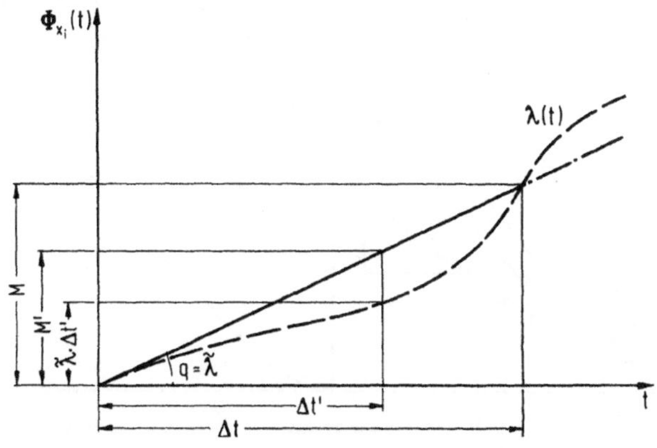

> Beispiel 18:
>
> Während 5 min wurden an einer Autobahn 300 Kraftfahrzeuge beobachtet:
> q = 300 Kfz/5 min. Nur im Fall von Stationarität über die Zeit kann angegeben
> werden, die Verkehrsstärke betrage 3600 Kfz/h.

Ob Stationarität über die Zeit vorliegt, läßt sich an der Form des beobachteten Einheitenstroms $\Phi_{x_i}(t)$ erkennen (Abb. II.9): Stationarität kann für die Bereiche angenommen werden, für die $\Phi_{x_i}(t)$ von Geraden $\lambda_k t + a_k$ nicht signifikant abweicht. Zum Prüfen dieser Hypothese kann man z.B. den Wilcoxon-Test anwenden.

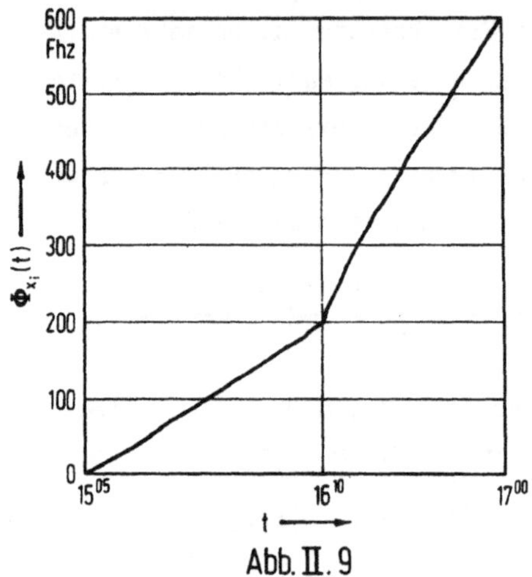

Abb. II. 9

Stellt man sich vor, daß der Einheitenstrom nicht nur an einer Stelle x_i beobachtet wird, sondern daß in einer kontinuierlichen Folge lokale Beobachtungen durchgeführt werden, so erhält man $\Phi(x,t)$ als Funktion von Zeit und Weg. Man kann sich diese Funktion veranschaulichen wie ansteigende Zuschauerterrassen, deren Kante jeweils gebildet wird durch die Bewegungslinie $x = f(t)$ der einzelnen Fahrzeuge und deren Kantenhöhe einer Fahrzeugeinheit entspricht (Abb. II.10):

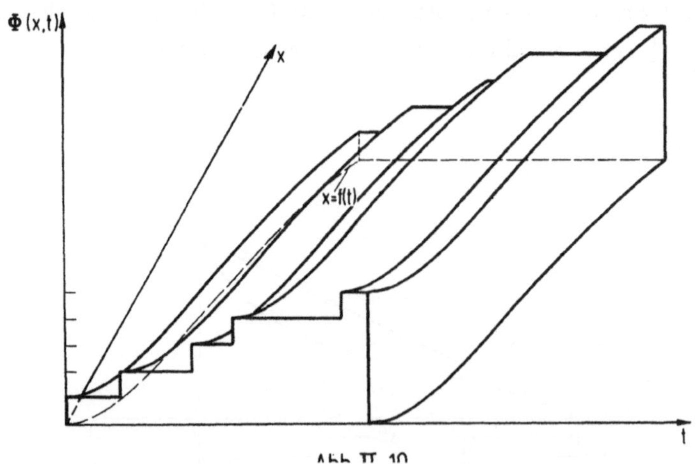

Abb. II. 10

Aus dieser Darstellung wird deutlich:

Beobachtet man $\Phi_{x_0}(t)$ bei x_0 und $\Phi_{x_i}(t)$ bei x_i (mit demselben Fahrzeug beginnend, s. Abb. II.11[+]), so ergibt sich daraus die Menge der Fahrzeuge, die sich zu einem Zeitpunkt t_i im Wegintervall $\Delta x = x_i - x_0$ befindet, zu

$$N(t_i,x_0,\Delta x) = \Phi_{x_0}(t_i) - \Phi_{x_i}(t_i)$$

(vgl. Abb. II.12), und damit wird

$$k = -\frac{\Phi_{x_i}(t_i) - \Phi_{x_0}(t_i)}{\Delta x} = \frac{N(t_i,x_0,\Delta x)}{\Delta x} \qquad (II.17)$$

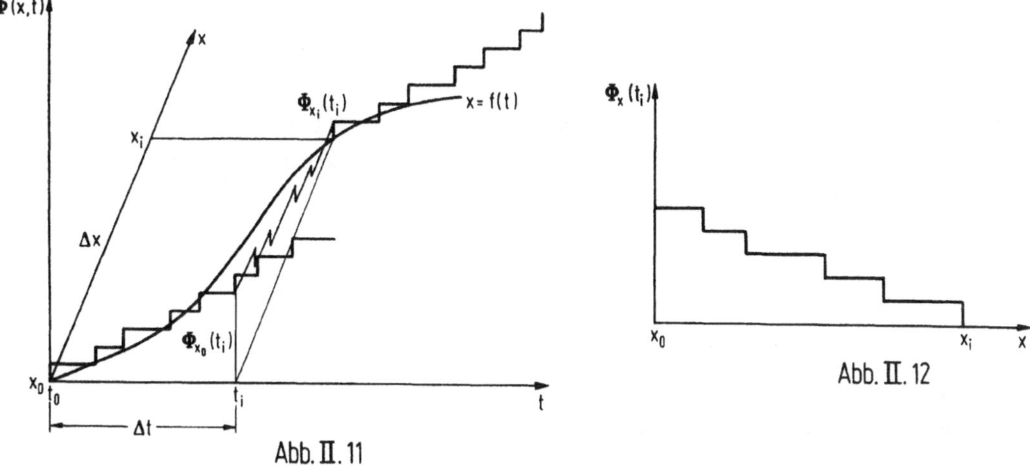

Abb. II. 11

Abb. II. 12

Der Quotient k heißt die D i c h t e des Verkehrsstroms oder die Verkehrsdichte und ist nur definiert unter Angabe des Wegintervalls Δx, auf dem die Fahrzeugmenge N beobachtet wurde.

Den Grenzübergang

$$\lim_{\Delta x \to 0} \frac{P[N(t_i,x,\Delta x) \geq 1]}{\Delta x} = \kappa_{t_i}(x) \qquad (II.18)$$

[+] Beginnt stattdessen die Messung überall zum gleichen Zeitpunkt, z.B. $t = t_0$, so ist zu beachten, daß für das Zeitintervall

$$\Delta t = \int_{x_0}^{x_i} \frac{dx}{v(x)} = \int_{x_0}^{x_i} w(x)dx \; ,$$

das das erste Fahrzeug zum Durchfahren des Wegintervalls Δx benötigt, $\Phi_{x_i}(t)$ eine Teilmenge von Fahrzeugen enthält, die in $\Phi_{x_0}(t)$ nicht enthalten ist (s. Abb. II.13).

nennt man die K o n z e n t r a t i o n des Verkehrsstroms zum Zeitpunkt t_i.
Je nachdem, ob die Konzentration eine Funktion des Weges ist oder nicht, spricht
man von Instationarität oder Stationarität des Prozesses über den Weg.

$\kappa_{t_i}(x)dx$ läßt sich anschaulich interpretieren als die Wahrscheinlichkeit, mit der
in einem beliebig kleinen Wegintervall zum Zeitpunkt t_i ein oder mehrere Fahrzeuge zu erwarten sind.

Wenn die Wahrscheinlichkeiten $P[N(t_i,x,\Delta x) > 1]$ mit gegen null strebender Intervallänge verschwinden, wird aus Gl. (II.18)

$$\kappa_{t_i}(x) = \lim_{\Delta x \to 0} \frac{P[N(t_i,x,\Delta x) = 1]}{\Delta x} .$$

Über die weiteren Zusammenhänge zwischen κ und k gilt das gleiche wie für λ und q.

Während also M (und damit q) aus der Differenz der Ordinaten einer Treppenkurve
$\Phi_{x_i}(t)$ errechnet wird, die aus einem Schnitt durch $\Phi(x,t)$ parallel zur t-Achse erhalten werden kann, ergibt sich N (und damit auch k) aus der Differenz der Ordinaten zweier Treppenkurven $\Phi_{x_0}(t)$ und $\Phi_{x_i}(t)$ zum gleichen Zeitpunkt t_i aus einem zur
x-Achse parallelen Schnitt durch $\Phi(x,t)$.

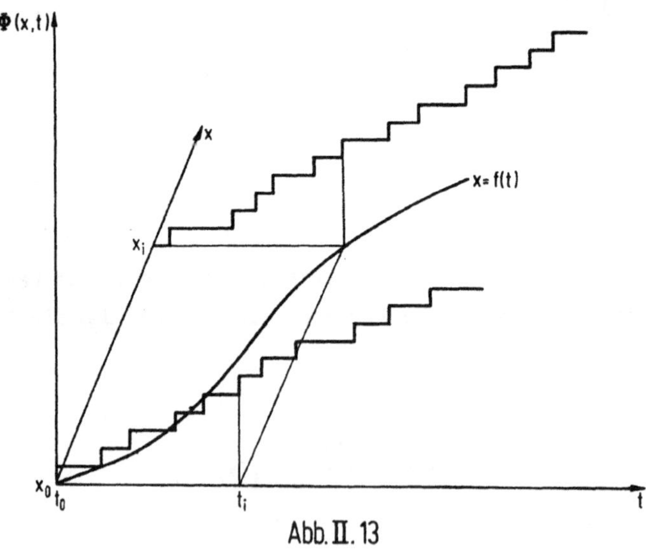

Abb. II. 13

2.2 Der Einheitenstrom aus momentanen Messungen

Beobachtet man zu einem bestimmten Zeitpunkt t_i die auf einem Wegintervall Δx befindlichen Fahrzeuge (Abb. II.1) derart, daß man (beispielsweise aus einer Luftbildaufnahme) über der Wegachse in Fahrtrichtung vermerkt, an welcher Stelle jeweils ein weiteres Fahrzeug die Summe der bereits beobachteten Elemente $\psi_{t_i}(x)$ um

eine Einheit vergrößert (analog Abb. II.14), dann ist auch $\psi_{t_i}(x)$ ein "nicht abnehmender stochastischer Prozeß mit ganzzahligen Zuwächsen" oder ein Einheitenstrom.

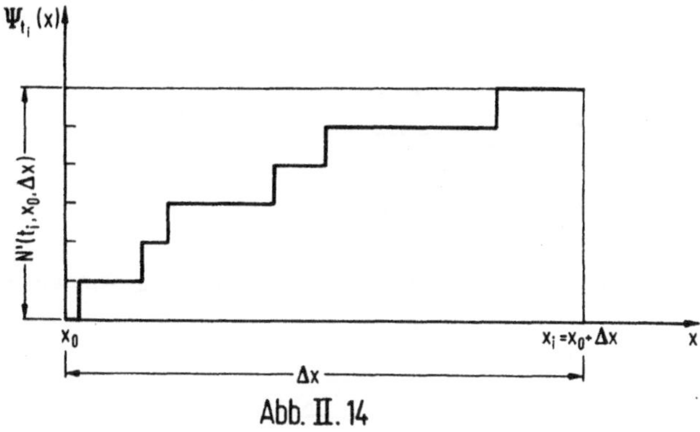

Abb. II. 14

Die Verkehrsdichte erhält man analog zu Gl. (II.14) aus der Differenz der Ordinaten des Einheitenstroms $\psi_{t_i}(x)$ zu einem Zeitpunkt t_i:

$$k = \frac{\psi_{t_i}(x_i) - \psi_{t_i}(x_0)}{\Delta x} = \frac{N'(t_i, x_0, \Delta x)}{\Delta x} \tag{II.19}$$

[Fhz/Wegintervall]. Hieraus läßt sich entsprechend zu Abschn. II.2.1. die Konzentration des Verkehrsstroms zum Zeitpunkt t_i errechnen.

Ebenfalls wie in Abschn. II.2.1 kann man aus zwei nun aber momentanen Beobachtungen $\psi_{t_0}(x)$ zum Zeitpunkt t_0 und $\psi_{t_i}(x)$ zum Zeitpunkt t_i die Menge M' der Fahrzeuge an der Stelle x_i während des Zeitintervalls $\Delta t = t_i - t_0$ ermitteln (Abb. II.15):

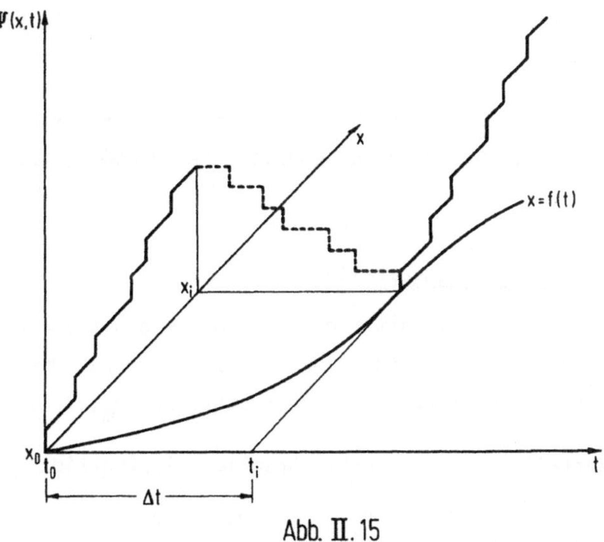

Abb. II. 15

Aus

$$M'(x_i,t_0,\Delta t) = \psi_{t_0}(x_i) - \psi_{t_i}(x_i)$$

wird

$$q = - \frac{\psi_{t_i}(x_i) - \psi_{t_0}(x_i)}{\Delta t} = \frac{M'(x_i,t_0,\Delta t)}{\Delta t} . \qquad (II.20)$$

Man beachte auch hier den Unterschied zu Gl. (II.14).

Zum Vergleich seien die aus den verschiedenen Meßmethoden gewonnenen Parameter gegenübergestellt:

<u>momentane Messungen</u>

z w e i Messungen zu t_0 und $t_i = t_0 + \Delta t$ } $\quad q = - \dfrac{\psi_{t_i}(x_i) - \psi_{t_0}(x_i)}{\Delta t}$

e i n e Messung zu t_i über Δx } $\quad k = \dfrac{\psi_{t_i}(x_i) - \psi_{t_i}(x_0)}{\Delta x}$

<u>lokale Messungen</u>

e i n e Messung bei x_i über Δt } $\quad q = \dfrac{\phi_{x_i}(t_i) - \phi_{x_i}(t_0)}{\Delta t}$

z w e i Messungen bei x_0 und $x_i = x_0 + \Delta x$ } $\quad k = - \dfrac{\phi_{x_i}(t_i) - \phi_{x_0}(t_i)}{\Delta x}$

2.3 Geschwindigkeitsverteilungen

In Kap. I ist gezeigt worden, daß die Geschwindigkeit eines einzelnen Fahrzeugs in aller Regel weder über die Zeit noch über den Weg konstant ist. Mißt man daher die Geschwindigkeit einer Menge von Fahrzeugen, so sind die gemessenen Geschwindigkeiten überwiegend verschieden; man erhält eine Geschwindigkeitsverteilung, die mit den üblichen Methoden der mathematischen Statistik (vgl. Abschn. II.1) beschrieben werden kann.

Über die Form der Verteilung wird keine Vereinbarung getroffen; sie richtet sich nach Fahrzeugzusammensetzung, Streckenbedingungen, Meßmethode (vgl. dazu Abschn. II.2.5.2) usw.

2.3.1 Die momentane Geschwindigkeitsverteilung

Messungen zu einem bestimmten Zeitpunkt nennt man m o m e n t a n e Beobachtungen (s. Abb. II.1). Eine momentan gemessene Geschwindigkeitsverteilung werde mit $G_m(v)$ bezeichnet, die dazugehörige Wahrscheinlichkeitsdichte sei $g_m(v)$ mit $g_m(v)dv = dG_m(v)$.

Bei einer diskreten Verteilung sei die Wahrscheinlichkeitsfunktion gegeben durch

$$dG_m(v) = \begin{cases} P_m(V = v_i) & \text{für } v = v_i \\ 0 & \text{sonst} \end{cases}$$

(vgl. Abschn. II.1).

Exakt sind momentane Geschwindigkeitsmessungen kaum durchführbar. Man kann sie
sich aber vorstellen, wenn man annimmt, alle Fahrzeuge trügen auf dem Dach ein die
jeweilige Geschwindigkeit deutlich anzeigendes Tachometer: dann lieferte e i n e
Luftbildaufnahme eine momentane Geschwindigkeitsmessung.

Der arithmetische Mittelwert der Menge der solcherart gemessenen Geschwindigkeiten
ist

$$\bar{v}_m = \frac{1}{N} \sum_{i=1}^{N} v_i \, ,$$

oder, wenn jeweils n_i Fahrzeuge mit v_i fahren ($n_i/N = P_m(V=v_i) = dG_m(v_i)$):

$$\bar{v}_m = \sum_{i=1}^{k} v_i dG_m(v_i) \, .$$

Das ist der beste Schätzwert für den Erwartungswert

$$E_m(V) = \int_0^\infty v g_m(v)dv = \int_0^\infty v dG_m(v) \, . \tag{II.21}$$

2.3.2 Die lokale Geschwindigkeitsverteilung

Messungen an einem festen Querschnitt nennt man lokale Beobachtungen (s. Abb. II.1).
Eine lokal gemessene Geschwindigkeitsverteilung werde mit $G_1(v)$ bezeichnet.

Lokale Geschwindigkeitsmessungen sind in guter Näherung z.B. die Messungen der Geschwindigkeiten von Kraftfahrzeugen mit Radargeräten. Da das Meßgerät die gemessene Geschwindigkeit jeweils direkt anzeigt, ist der arithmetische Mittelwert der
Menge der lokal gemessenen Geschwindigkeiten

$$\bar{v}_1 = \frac{1}{M} \sum_{i=1}^{M} v_i = \sum_{i=1}^{k} v_i dG_1(v_i) \, .$$

$\bar{v}_1$ ist bester Schätzwert für den Erwartungswert

$$E_1(V) = \int_0^\infty v g_1(v)dv = \int_0^\infty v dG_1(v) \, . \tag{II.22}$$

Den Unterschied zwischen lokaler und momentaner Geschwindigkeitsverteilung kann man
an folgendem Beispiel besonders deutlich illustrieren: Es werde angenommen, auf
einer ringförmigen Fahrbahn der Länge L fahren N Fahrzeuge. Ihre Geschwindigkeiten
seien nach $G_m(v)$ verteilt. Jedes Fahrzeug fahre mit seiner Wunschgeschwindigkeit,
die konstant sei. Das setzt voraus, daß jedes Fahrzeug alle notwendigen Überholungen jederzeit sofort durchführen kann.

Ein so definierter Verkehrsablauf heißt f r e i. Er ist (unter der Annahme gleicher Streckenbedingungen für die ganze Ringfahrbahn) stationär über den Weg und
über die Zeit.

Es ist $k = N/L$ [Fhz/Wegintervall] die Verkehrsdichte. Von diesen Fahrzeugen haben $dk(v) = kdG_m(v)$ jeweils die gleiche Geschwindigkeit v. Gefragt sei nun nach der Verkehrsstärke q an einem Querschnitt x während des Zeitintervalls T.

Ein Fahrzeug mit v benötigt zum einmaligen Durchfahren der Strecke L die Zeit $\Delta t = L/v$. In dieser Zeit beobachtet man die Teilmenge $dq(v)$ der Fahrzeuge mit der gleichen Geschwindigkeit v (exakt: mit Geschwindigkeiten zwischen v und $v + dv$) nach Voraussetzung gerade ein mal; das sind $dq(v)\Delta t = NdG_m(v)$ Fahrzeuge.

Je Zeiteinheit beobachtet man dann

$$dq(v) = \frac{NdG_m(v)}{\Delta t} = \frac{NvdG_m(v)}{L} = kvdG_m(v) = vdk(v) \ . \tag{II.23}$$

Fahrzeuge mit v und (mit Gl. II.21) insgesamt

$$q = k \int_0^\infty vdG_m(v) = kE_m(V) \ . \tag{II.24}$$

In dieser Gleichung sind q und k über den Erwartungswert der m o m e n t a n e n Geschwindigkeitsverteilung verknüpft (Näheres dazu s. Abschn. II.2.5.1). Hier aber sei die l o k a l e Geschwindigkeitsverteilung gesucht, die am Querschnitt x beobachtet wird: die Wahrscheinlichkeit, dort ein Fahrzeug mit einer Geschwindigkeit zwischen v und $v + dv$ zu beobachten, ist wegen $dq(v) = qdG_1(v)$

$$dG_1(v) = \frac{dq(v)}{q} = \frac{kvdG_m(v)}{kE_m(V)}$$

$$dG_1(v) = \frac{v}{E_m(V)} \, dG_m(v) \tag{II.25}$$

(vgl. Gl. I.32) und deren Erwartungswert

$$E_1(V) = \int_0^\infty vdG_1(v) = \frac{1}{E_m(V)} \int_0^\infty v^2 dG_m(v)$$

Setzt man darin

$$\int_0^\infty v^2 dG_m(v) = E_m(V^2) = \sigma_m^2 + [E_m(V)]^2$$

ein (vgl. Abschn. II.1), so wird

$$E_1(V) = E_m(V) + \frac{\sigma_m^2}{E_m(V)} \ . \tag{II.26}$$

Außer im Fall gleicher Geschwindigkeiten aller Fahrzeuge ($\sigma_m = 0$) ist $E_1(V)$ also stets größer als $E_m(V)$.

Gl. (II.25) zeigt, wie man die lokale Geschwindigkeitsverteilung aus der momentanen ermitteln kann.

Beispiel 19:

Auf der Ringfahrbahn (Abb. II.16) fahren vier Fahrzeuge.

> Fahrzeug a fahre mit 20 km/h
> Fahrzeug b fahre mit 40 km/h
> Fahrzeug c fahre mit 60 km/h
> Fahrzeug d fahre mit 80 km/h

Dann ist $\bar{v}_m = \frac{1}{4}(20+40+60+80) = 50$ km/h

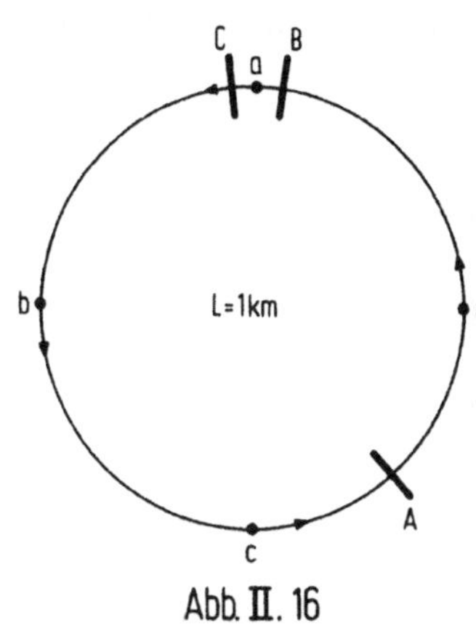

Abb. II. 16

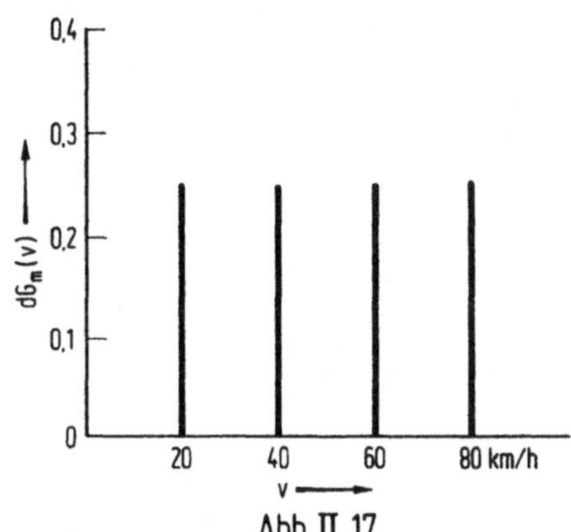

Abb. II.17

Während einer Beobachtungszeit von einer Stunde passiert das Fahrzeug mit einer Geschwindigkeit von

> $v_1 = 20$ km/h den Querschnitt A 20 mal
> $v_2 = 40$ km/h den Querschnitt A 40 mal
> $v_3 = 60$ km/h den Querschnitt A 60 mal
> $v_4 = 80$ km/h den Querschnitt A 80 mal

Insgesamt werden also q = (20+40+60+80) = 200 Fhz/h lokal beobachtet; deren mittlere Geschwindigkeit ist

$$\bar{v}_1 = \frac{1}{200}(20 \cdot 20 + 40 \cdot 40 + 60 \cdot 60 + 80 \cdot 80) = 60 \text{ km/h} .$$

Gl. (II.25) erlaubt, $dG_1(v)$ (und damit auch $E_1(V)$) ohne Rücksicht auf die Beobachtungszeit zu berechnen:

> für Fahrzeug a ist $dG_m(20) = 0,25$
> für Fahrzeug b ist $dG_m(40) = 0,25$
> für Fahrzeug c ist $dG_m(60) = 0,25$
> für Fahrzeug d ist $dG_m(80) = 0,25$

(Abb. II.17).

Damit wird

$$dG_1(20) = \frac{v_i}{\bar{v}_m}\, dG_m(v_i) = \frac{20}{50}\, 0,25 = 0,1$$

$$dG_1(40) = \frac{40}{50}\, 0,25 = 0,2$$

$$dG_1(60) = \frac{60}{50} \, 0{,}25 = 0{,}3$$

$$dG_1(80) = \frac{80}{50} \, 0{,}25 = 0{,}4$$

$$\sum_{i=1}^{4} dG_1(v_i) = 1{,}0$$

(Abb. II.18), und daher

$$E_1(V) = \sum_{i=1}^{4} v_i \, dG_1(v_i) = (0{,}1 \cdot 20 + 0{,}2 \cdot 40 + 0{,}3 \cdot 60 + 0{,}4 \cdot 80) = 60 \text{ km/h}$$

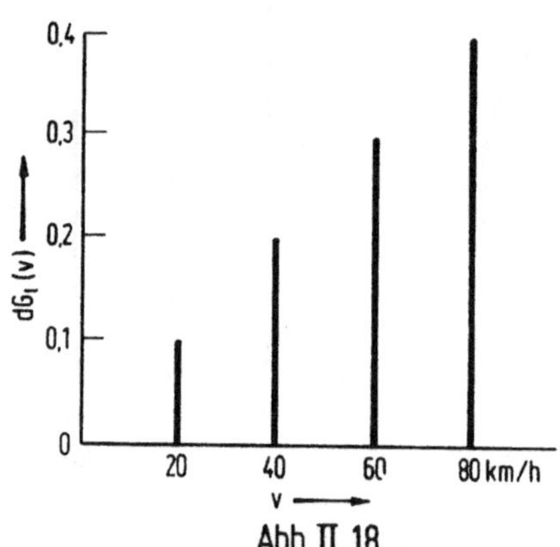

Nach Gl. (II.26) kann der Erwartungswert der lokalen Geschwindigkeitsverteilung aus den statistischen Maßzahlen der momentanen Geschwindigkeitsverteilung
errechnet werden

$$E_1(V) = E_m(V) + \frac{\sigma_m^2}{E_m(V)} \; .$$

Nach Abschn. II.1 gilt für σ_m^2:

$$\sigma_m^2 = E_m(V^2) - [E_m(V)]^2$$

mit

$$E_m(V^2) = \sum_{i=1}^{4} v_i^2 \, dG_m(v_i) = 20^2 \cdot 0{,}25 + 40^2 \cdot 0{,}25 + 60^2 \cdot 0{,}25 + 80^2 \cdot 0{,}25 = 3000 \; .$$

Damit und mit $E_m(V) = \bar{v}_m$ (= 50 km/h) wird

$$\sigma_m^2 = 3000 - 2500 = 500$$

und

$$E_1(V) = 50 + \frac{500}{50} = 60 \text{ km/h}$$

wie oben.

Am Beispiel der lokalen Messung an der Ringfahrbahn läßt sich auch der Unterschied zwischen dem Erwartungswert einer Verteilung und dem Mittelwert einer

Stichprobe als Schätzwert für diesen Erwartungswert illustrieren (Abb. II.19):

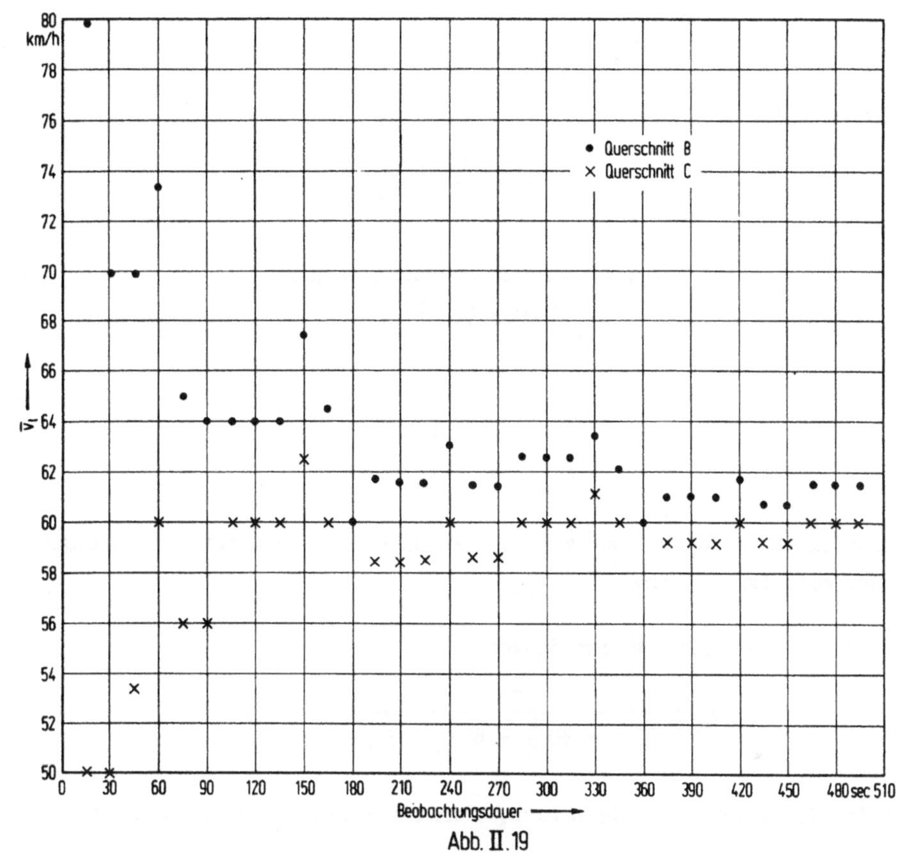

Abb. II.19

Je größer die Stichprobe, umso mehr nähert sich der beobachtete Mittelwert $\bar{v}_1$ dem Erwartungswert $E_1(V)$ an. Dabei hängen Ausgangspunkt und Verlauf dieser Annäherung davon ab, wann mit der Beobachtung begonnen wurde: im oberen Teil der Abb. beginnt die Beobachtung mit Fahrzeug d (am Querschnitt B), im unteren mit den Fahrzeugen a und d (am Querschnitt C).

Bemerkenswert ist, daß es aber auch bereits relativ kurze Meßabschnitte gibt, für die der beobachtete Mittelwert genau gleich dem Erwartungswert ist.

Umgekehrt läßt sich zeigen, daß das arithmetische Mittel der momentanen Geschwindigkeitsverteilung gleich dem harmonischen Mittel der lokalen Geschwindigkeitsverteilung ist: nach Gl. (II.23) ist $dq(v) = v\,dk(v)$ und nach Gl. (II.25) $dq(v) = q\,dG_1(v)$. Gleichsetzen ergibt

$$dk(v) = q\,\frac{1}{v}\,dG_1(v)$$

$$k = q \int_0^\infty \frac{1}{v} \, dG_1(v) = qE_1\!\left(\frac{1}{v}\right) \tag{II.27}$$

oder, mit $1/v = w$ (vgl. Abschn. I.1.4),

$$k = qE_1(W) \; . \tag{II.28}$$

Weil aber nach Gl. (II.24)

$$\frac{k}{q} = \frac{1}{E_m(V)}$$

ist, ist

$$E_m(V) = \frac{1}{\displaystyle\int_0^\infty \frac{1}{v} \, dG_1(v)} = \frac{1}{E_1\!\left(\frac{1}{v}\right)} = \frac{1}{E_1(W)} \tag{II.29}$$

bzw.

$$\bar{v}_m = \frac{M}{\displaystyle\sum_{i=1}^{k} \frac{1}{v_i} m_i} = \frac{M}{\displaystyle\sum_{i=1}^{k} w_i m_i} = \frac{1}{\bar{w}_1} \; . \tag{II.30}$$

Die Reziprozität zwischen $\bar{v}$ und $\bar{w}$ gilt also nicht nur im Bereich der Kinematik des Einzelfahrzeugs (vgl. Abschn. I.2.2).

> Für das obige Beisp. 19 ist danach
>
> $$\bar{v}_m = \frac{200}{20\frac{1}{20} + 40\frac{1}{40} + 60\frac{1}{60} + 80\frac{1}{80}} = 50 \text{ km/h}$$

Man erhält Gl. (II.30) natürlich auch, wenn man statt v_i direkt w_i mißt:

Es ist

$$\frac{n_i}{N} = dG_m(v_i) = dF_m(w_i)$$

und der zu einem Zeitpunkt t momentan beobachtete Mittelwert

$$E_m(W) = \int_\infty^0 w \, dF_m(w)$$

bzw.

$$\bar{w}_m = \frac{1}{N} \sum_{i=1}^{k} w_i n_i = \sum_{i=1}^{k} w_i dF_m(w_i) \; .$$

Weil während des Zeitintervall $\Delta t_i = L/v_i = Lw_i$ alle n_i Fahrzeuge mit $v_i = 1/w_i$ gerade einmal beobachtet werden, beobachtet man bei x während der Zeit T

$$m_i = \frac{T}{\Delta t_i} n_i = \frac{T}{L} \frac{n_i}{w_i} \tag{II.31}$$

Fahrzeuge mit w_i.

Mit

$$\frac{m_i}{M} = dG_1(v_i) = dF_1(w_i)$$

wird

$$E_1(W) = \int_{\infty}^{0} w dF_1(w)$$

bzw.

$$\bar{w}_1 = \frac{1}{M} \sum_{i=1}^{k} w_i m_i$$

oder, weil nach Gl. (II.31) $w_i m_i = (T/L)n_i$ und

$$M = \sum_{i=1}^{k} m_i = \frac{T}{L} \sum_{i=1}^{k} \frac{n_i}{w_i}$$

ist,

$$\bar{w}_1 = \frac{\sum_{i=1}^{k} n_i}{\sum_{i=1}^{k} \frac{n_i}{w_i}} = \frac{N}{\sum_{i=1}^{k} n_i v_i} = \frac{1}{\bar{v}_m}$$

2.3.3 Geschwindigkeitsverteilung bei einem sich bewegenden Beobachter

Das Ringbeispiel hat gezeigt, daß die gemessene Geschwindigkeitsverteilung von der
Art der Beobachtung abhängt. Beobachtet man an einem Querschnitt der Ringfahrbahn
lokal, so sind hohe Geschwindigkeiten überrepräsentiert: je schneller ein Fahrzeug fährt, umso häufiger überquert es in einem Zeitintervall einen Meßquerschnitt.

Wird nun angenommen, die Messung der (absoluten, nicht der relativen) Geschwindigkeiten der Fahrzeuge werde von einem Beobachter vorgenommen, der sich selbst mit
einer Geschwindigkeit $v_0 = $ const bewegt, so ist klar, daß, wenn $v_{min} < v_0 < v_{max}$,
die von ihm beobachtete Wahrscheinlichkeitsdichte eine Nullstelle etwa wie in Abb.
II.20 haben muß: Geschwindigkeiten anderer Fahrzeuge mit v_0 können von ihm nicht
beobachtet werden. Beobachten kann er nur Geschwindigkeiten $v < v_0$ (dann überholt
er das entsprechende Fahrzeug; man spricht von einer a k t i v e n Überholung O_a)
oder Geschwindigkeiten $v > v_0$ (dann wird er von dem entsprechenden Fahrzeug überholt; man spricht von einer p a s s i v e n Überholung O_p). Die von ihm beobach-
tete Wahrscheinlichkeitsdichte der Geschwindigkeiten werde mit $g(v|v_0)$ bezeichnet.

Bewegt sich der Beobachter bei der Geschwindigkeitsmessung nicht ($v_0 = 0$), so überholen ihn (fahren an ihm vorbei) alle Fahrzeuge: Ist $dk(v) = kdG_m(v)$ die Verkehrsdichte des beobachteten Teilstroms der Fahrzeuge mit jeweils v, so beobachtet er
nach Gl. (II.23)
$$dq(v) = kvdG_m(v)$$

und insgesamt

$$q = k \int_0^\infty v\, dG_m(v) = k E_m(V)$$

Fahrzeuge pro Zeitintervall (Gl. (II.24)).

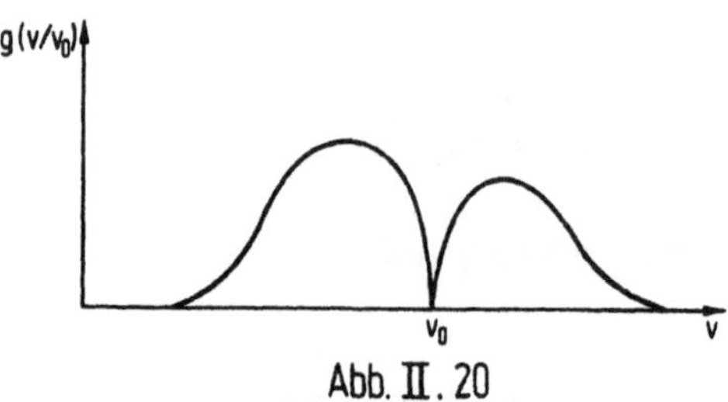

Abb. II. 20

Bewegt er sich mit v_0 (oder bewegt sich z.B. die Ringfahrbahn mit v_0 gegenüber seinem festen Standort in entgegengesetzter Richtung), so überholt er pro Zeitintervall die Fahrzeuge aktiv, deren Geschwindigkeit $v < v_0$ ist:

$$dq(v,v_0) = dU_a(v,v_0) = k(v_0 - v)dG_m(v)$$

$$U_a(v_0) = k \int_0^{v_0} (v_0 - v)dG_m(v) \ . \tag{II.32}$$

Er selbst wird nur noch von denen überholt, deren Geschwindigkeit $v > v_0$ ist:

$$dq(v,v_0) = dU_p(v,v_0) = k(v - v_0)dG_m(v)$$

$$U_p(v_0) = k \int_{v_0}^{\infty} (v - v_0)dG_m(v) \ . \tag{II.33}$$

(Für $v = 0$ wird daraus Gl. (II.24).)

Die Gesamtzahl der aktiven und passiven Überholungen pro Zeitintervall ist dann

$$U_{a+p}(v_0) = k[\int_0^{v_0} (v_0 - v)dG_m(v) + \int_{v_0}^{\infty} (v - v_0)dG_m(v)]$$

$$= k[v_0 \int_0^{v_0} dG_m(v) - \int_0^{v_0} v\, dG_m(v) + \int_{v_0}^{\infty} v\, dG_m(v) - v_0 \int_{v_0}^{\infty} dG_m(v)] \ .$$

Mit

$$\int_{v_0}^{\infty} dG_m(v) = 1 - \int_0^{v_0} dG_m(v)$$

$$\int_{v_0}^{\infty} v\,dG_m(v) = E_m(V) - \int_{0}^{v_0} v\,dG_m(v)$$

wird daraus

$$U_{a+p}(v_0) = k\left\{ v_0 \int_0^{v_0} dG_m(v) - v_0\left[1 - \int_0^{v_0} dG_m(v)\right] - \int_0^{v_0} v\,dG_m(v) + E_m(V) - \int_0^{v_0} v\,dG_m(v) \right\}$$

$$= k\left[2v_0 \int_0^{v_0} dG_m(v) - v_0 + E_m(V) - 2\int_0^{v_0} v\,dG_m(v) \right]$$

$$= k\left[E_m(V) - v_0 + 2\int_0^{v_0} (v_0 - v)\,dG_m(v) \right] . \qquad (II.34)$$

Damit errechnet sich aus Gl. (II.32) und Gl. (II.34) die Wahrscheinlichkeit, daß
ein Beobachter, der sich mit v_0 bewegt, eine Geschwindigkeit zwischen v und v + dv
beobachtet, die kleiner als v_0 ist, aus dem Verhältnis der Zahl der mit Geschwindigkeiten zwischen v und v + dv beobachteten Fahrzeuge zur Gesamtzahl aller beobachteten Fahrzeuge:

$$dG(v\,|\,v_0 > v) = \frac{k(v_0 - v)\,dG_m(v)}{k\left[E_m(V) - v_0 + 2\int_0^{v_0} (v_0 - v)\,dG_m(v) \right]} \qquad (II.35)$$

und entsprechend die Wahrscheinlichkeit, daß er eine Geschwindigkeit zwischen v und
v + dv beobachtet, die größer als v_0 ist:

$$dG(v\,|\,v_0 < v) = \frac{(v - v_0)\,dG_m(v)}{\left[E_m(V) - v_0 + 2\int_0^{v_0} (v_0 - v)\,dG_m(v) \right]} . \qquad (II.36)$$

Damit wird die Wahrscheinlichkeitsdichte dieser Geschwindigkeitsverteilung allgemein zu

$$g(v\,|\,v_0) = \frac{|v - v_0|\,g_m(v)}{\left[E_m(V) - v_0 + 2\int_0^{v_0} (v_0 - v)\,dG_m(v) \right]} \qquad (II.37)$$

Beispiel 20:
Auf der Ringfahrbahn mit dem Fahrzeugstrom des Beisp. aus Abschn. II.2.3.2 bewege sich ein Beobachter mit v_0 = 30 km/h. Es ist $\bar{v}_m = E_m(V)$ = 50 km/h und

$$2 \cdot \sum_{v_i \leq v_0} (v_0 - v_i)\,dG_m(v_i) = 2(30 - 20)0{,}25 = 5$$

weil nur die Geschwindigkeit von Fahrzeug a mit 20 km/h kleiner als v_0 ist.

Dann ist (s. Abb. II.21)

$$dG(20|30) = \frac{|30 - 20| \cdot 0,25}{50 - 30 + 5} = 0,1$$

$$dG(40|30) = \frac{|40 - 30| \cdot 0,25}{25} = 0,1$$

$$dG(60|30) = \frac{|60 - 30| \cdot 0,25}{25} = 0,3$$

$$dG(80|30) = \frac{|80 - 30| \cdot 0,25}{25} = 0,5$$

$$\sum = 1,0$$

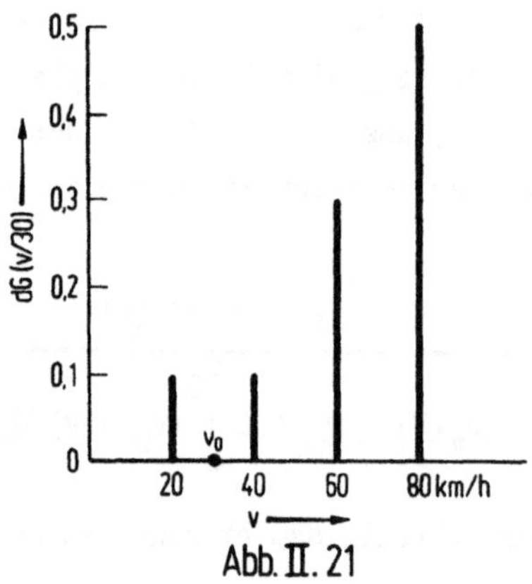

Abb. II. 21

Momentane und lokale Beobachtungen sind offenbar nur die Grenzfälle einer Beobachtung mit v_0: Aus Gl. (II.35) wird nach Erweiterung mit $1/v_0$

$$dG(v|v_0 > v) = \frac{(1 - \frac{v}{v_0})dG_m(v)}{\frac{E_m(V)}{v_0} - 1 + 2\int\limits_0^{v_0}(1 - \frac{v}{v_0})dG_m(v)} \cdot$$

Bei einer momentanen Beobachtung ist $v_0 = \infty$. Dann wird (nach Division durch dv)

$$g(v|\infty) = \frac{g_m(v)}{-1 + 2\int\limits_0^{\infty} dG_m(v)} = g_m(v) \cdot$$

Bei einer lokalen Beobachtung ist $v_0 = 0$. Eingesetzt in Gl. (II.36) ergibt das unter Beachtung von Gl. (II.25) (und nach Division durch dv)

$$g(v|0) = \frac{vg_m(v)}{E_m(V)} = g_1(v)$$

2.3.4 Parameter der Geschwindigkeitsverteilung bei Geschwindigkeitsschwankungen

Die dem Ringbeispiel zugrundeliegende Voraussetzung jederzeitiger Überholmöglichkeit schränkt die Übertragbarkeit der Ergebnisse bereits auf den sehr kleinen Bereich freien Verkehrs ein; die Annahme stets gleichbleibender Geschwindigkeit der einzelnen Fahrzeuge ist in aller Regel irreal und wird nur sinnvoll, wenn man sie als mittlere Geschwindigkeit interpretiert. Es muß dann aber untersucht werden, wie sich Schwankungen der momentanen Geschwindigkeit um den Mittelwert auf die Parameter der Geschwindigkeitsverteilung auswirken.

Es sei (vgl. Abschn. I.2.1) $\hat{v}_t$ = u die Reisegeschwindigkeit eines Fahrzeugs. Die Reisegeschwindigkeiten aller Fahrzeuge seien nach $G_m(u)$ verteilt: betrachtet wird also die momentane Verteilung.

Die Verteilung der über die Zeit beobachteten Geschwindigkeiten v(t) eines einzelnen Fahrzeugs um seine Reisegeschwindigkeit u sei (aus Gründen der Vereinfachung für alle Fahrzeuge gleichermaßen)[+] durch $F_t^u(v)$ beschrieben:

$$\int_0^\infty v\,dF_t^u(v) = u \tag{II.38}$$

$$\int_0^\infty (v - u)^2 dF_t^u(v) = \bar{\sigma}_t^2 . \tag{II.39}$$

Die Wahrscheinlichkeit, zu einem bestimmten Zeitpunkt Fahrzeuge mit Geschwindigkeiten zwischen v und v + dv anzutreffen, ist gleich der Wahrscheinlichkeit, daß Fahrzeuge mit der Reisegeschwindigkeit u momentan mit Geschwindigkeiten zwischen v und v + dv fahren:

$$dG_m(v) = \int_{u=0}^\infty dF_t^u(v)\,dG_m(u) . \tag{II.40}$$

Dann aber ist

$$E_m(V) = \int_0^\infty v\,dG_m(v) = \int_{u=0}^\infty \left(\int_{v=0}^\infty v\,dF_t^u(v)\right) dG_m(u)$$

und mit Gl. (II.38)

$$E_m(V) = \int_0^\infty u\,dG_m(u) = E_m(U) \tag{II.41}$$

Für die Berechnung des Erwartungswertes momentaner Geschwindigkeiten spielt es also keine Rolle, ob eine Geschwindigkeitsschwankung in der definierten Form berücksichtigt wird oder nicht.

[+] Auch diese Annahme ist sicher nicht sehr realistisch; w i e die Geschwindigkeiten aber tatsächlich schwanken, ist bisher kaum bekannt.

Beispiel 21:

Gegeben sei $dG_m(u)$ (s. Abb. 22):

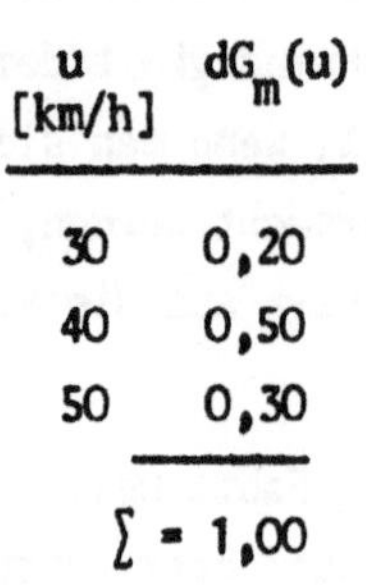

u [km/h]	$dG_m(u)$
30	0,20
40	0,50
50	0,30
$\sum = 1,00$	

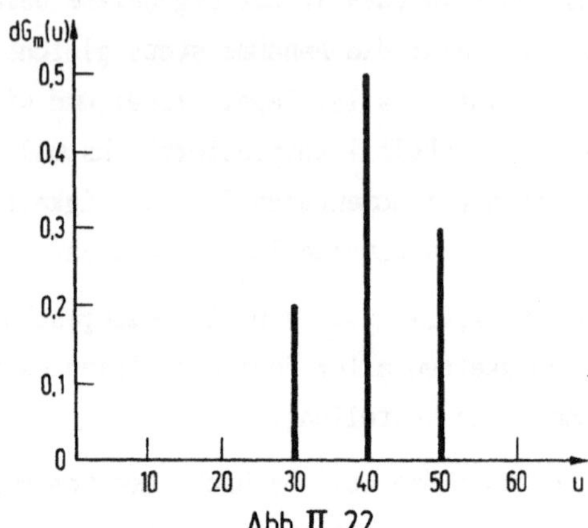

Abb. II. 22

Um jedes u sei $dF_t^u(v)$ folgendermaßen symmetrisch verteilt (s. Abb. II.23):

v [km/h]	$dF_t^u(v)$
$u - 10$	0,25
u	0,50
$u + 10$	0,25
$\sum = 1,00$	

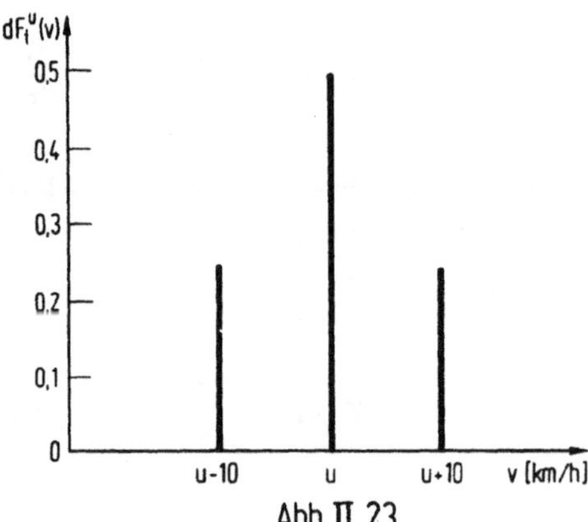

Abb. II. 23

Es ist nach Gl. (II.40) bei einer diskreten Verteilung von $G_m(v)$

$$dG_m(v) = \sum^u dF_t^u(v) dG_m(u) \ .$$

Demnach ist für $v = 20$ km/h (s. Abb. II.24)

$$dG_m(20) = dG_m(30) dF_t^{30}(20) + dG_m(40) dF_t^{40}(20) + dG_m(50) dF_t^{50}(20)$$

$$= 0,2 \cdot 0,25 + 0,5 \cdot 0,0 + 0,3 \cdot 0,0 = 0,05 \ .$$

Entsprechend

$$dG_m(30) = 0,2 \cdot 0,5 + 0,5 \cdot 0,25 + 0,3 \cdot 0,0 = 0,225$$

$$dG_m(40) = 0,2 \cdot 0,25 + 0,5 \cdot 0,5 + 0,3 \cdot 0,25 = 0,375$$

$$dG_m(50) = 0,2 \cdot 0,0 + 0,5 \cdot 0,25 + 0,3 \cdot 0,5 = 0,275$$

$$dG_m(60) = 0,2 \cdot 0,0 + 0,5 \cdot 0,0 + 0,3 \cdot 0,25 = 0,075$$

$$\sum^v dG_m(v) = 1,000$$

und daraus

$$E_m(V) = \sum^v v \, dG_m(v) = 20 \cdot 0,05 + 30 \cdot 0,225 + 40 \cdot 0,375 + 50 \cdot 0,275 + 60 \cdot 0,075$$

$$= 41,0 \text{ km/h} .$$

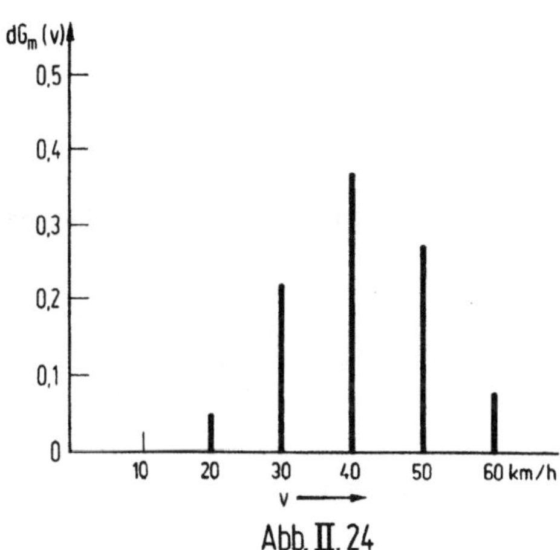

Abb. II.24

Desgleichen ist

$$E_m(U) = \sum^u u \, dG_m(u) = 30 \cdot 0,2 + 40 \cdot 0,5 + 50 \cdot 0,3 = 41,0 \text{ km/h} .$$

Für die anderen Parameter, z.B. die Streuungen, gilt eine ähnliche Gleichheit wie die in Gl. (II.41) nicht:

Es sei

$$\dot{\beta}_n = \int_0^\infty (v - u)^n dF_t^u(v)$$

das n-te zentrierte Moment der Geschwindigkeiten v(t) e i n e s Fahrzeugs. Dann ist für n = 0

$$\beta_0 = 1 \cdot \int_0^\infty dF_t^u(v) = 1 ,$$

für $n = 1$

$$\beta_1 = \int_0^\infty (v - u)\,dF_t^u(v) = \int_0^\infty v\,dF_t^u(v) - u \int_0^\infty dF_t^u(v) = u - u = 0 \, ,$$

für $n = 2$

$$\beta_2 = \int_0^\infty (v - u)^2\,dF_t^u(v) = \bar{\sigma}_t^2 \, .$$

Entsprechend sei

$$\varepsilon_n = \int_0^\infty [v - E_m(V)]^n\,dG_m(v)$$

das n-te zentrierte Moment der M o m e n t a n geschwindigkeiten v a l l e r
Fahrzeuge auf dem Streckenabschnitt. Dann ist analog

$$\varepsilon_0 = 1$$

$$\varepsilon_1 = 0$$

$$\varepsilon_2 = \sigma_m^2 \, .$$

Das n-te zentrierte Moment der momentanen R e i s e geschwindigkeiten u a l l e r
Fahrzeuge schließlich sei

$$\delta_n = \int_0^\infty [u - E_m(U)]^n\,dG_m(u)$$

mit

$$\delta_0 = 1$$

$$\delta_1 = 0$$

$$\delta_2 = \omega_m^2 \, .$$

War $\bar{\sigma}_t^2$ die Streuung der Geschwindigkeiten v(t) e i n e s Fahrzeugs um seine Reisegeschwindigkeit u, so ist die durchschnittliche Streuung der Geschwindigkeiten
a l l e r Fahrzeuge jeweils um ihre Reisegeschwindigkeit u

$$\bar{\bar{\sigma}}_t^2 = \int_0^\infty \bar{\sigma}_t^2\,dG_m(u) = \int_{u=0}^\infty \int_{v=0}^\infty (v - u)^2\,dF_t^u(v)\,dG_m(u)$$

$$= \int_0^\infty [\int_0^\infty v^2\,dF_t^u(v) - 2u \int_0^\infty v\,dF_t^u(v) + u^2 \int_0^\infty dF_t^u(v)]\,dG_m(u) \, .$$

Mit

$$\int_0^\infty v\,dF_t^u(v) = u$$

und

$$\int_0^\infty dF_t^u(v) = 1$$

wird

$$\overline{\sigma_t^2} = \int\limits_0^\infty [\int\limits_0^\infty v^2 dF_t^u(v) - u^2] dG_m(u) = \int\limits_0^\infty\int\limits_0^\infty v^2 dF_t^u(v) dG_m(u) - \int\limits_0^\infty u^2 dG_m(u) \ .$$

Nach Gl. (II.40) war

$$\int\limits_0^\infty dF_t^u(v) dG_m(u) = dG_m(v) \ .$$

Dann ist

$$\int\limits_0^\infty v^2 dF_t^u(v) dG_m(u) = v^2 dG_m(v)$$

und

$$\int\limits_0^\infty\int\limits_0^\infty v^2 dF_t^u(v) dG_m(u) = \int\limits_0^\infty v^2 dG_m(v) = E_m(V^2) = \sigma_m^2 + [E_m(V)]^2$$

(vgl. Abschn. II.1).

Analog ist

$$\int\limits_0^\infty u^2 dG_m(u) = E_m(U^2) = \omega_m^2 + [E_m(U)]^2 \ .$$

Damit wird unter Berücksichtigung von Gl. (II.41)

$$\overline{\sigma_t^2} = (\sigma_m^2 + [E_m(V)]^2) - (\omega_m^2 + [E_m(U)]^2) = \sigma_m^2 - \omega_m^2$$

bzw.

$$\sigma_m^2 = \omega_m^2 + \overline{\sigma_t^2} \ . \tag{II.42}$$

Die durchschnittliche Streuung der Geschwindigkeiten aller Fahrzeuge $\overline{\sigma_t^2}$ ist also um die Streuung der Reisegeschwindigkeiten aller Fahrzeuge ω_m^2 kleiner als die Streuung der Momentangeschwindigkeiten aller Fahrzeuge σ_m^2.

Auch die Erwartungswerte der lokalen Geschwindigkeitsverteilungen sind nicht gleich: Nach den Gln. (II.25) und (II.26) gilt

$$dG_1(v) = \frac{v}{E_m(V)} dG_m(v)$$

$$E_1(V) = E_m(V) + \frac{\sigma_m^2}{E_m(V)} \ .$$

Setzt man hierin die Gln. (II.41) und (II.42) ein, so wird

$$E_1(V) = E_m(U) + \frac{1}{E_m(U)}(\omega_m^2 + \overline{\sigma_t^2}) = E_m(U) + \frac{\omega_m^2}{E_m(U)} + \frac{\overline{\sigma_t^2}}{E_m(U)} = E_1(U) + \frac{\overline{\sigma_t^2}}{E_m(U)}$$

Schließlich läßt sich zeigen (ohne das hier abzuleiten), daß

$$\omega_1^2 = \omega_m^2[1 - [\frac{\omega_m}{E_m(U)}]^2] + \frac{\delta_3}{E_m(U)}$$

und

$$\sigma_1^2 = \sigma_m^2[1 - [\frac{\sigma_m}{E_m(V)}]^2] + \frac{\epsilon_3}{E_m(V)}$$

ist.

Darin sind δ_3 das dritte zentrierte Moment der Verteilung der Reisegeschwindigkeiten und ϵ_3 das dritte zentrierte Moment der Verteilung der Momentangeschwindigkeiten um die jeweiligen Mittelwerte.

2.4 Abstandsverteilungen

In Beisp. 16 wurde zur Illustration einer diskreten Verteilung die Poissonverteilung erwähnt. Sie erlaubt es, die Wahrscheinlichkeit dafür zu berechnen, daß während eines festen Zeitintervalls Δt m Fahrzeuge einen Querschnitt passieren (bzw. daß sich n Fahrzeuge auf einem Wegintervall Δx befinden). Dabei wurde vorausgesetzt, daß das Intervall (Zeit oder Weg) konstant ist. Wird dagegen die Zeit (bzw. der Weg) als ein variabler, nicht zufälliger Parameter eingeführt, so erhält man einen zufälligen Prozess (vgl. Abb. II.25). Ein zufälliger Prozess umfaßt die Menge der Zufallsgrößen, die sich für alle Werte der unabhängigen Variablen ergeben.

Um den Verkehrsablauf durch einen Poissonprozess, der ein Beispiel für einen zufälligen Prozess ist, beschreiben zu können, müssen folgende Voraussetzungen gegeben sein:[+)]

1) Der Verkehrsstrom muß stationär sein: λ = const; d.h. die Wahrscheinlichkeit, daß im Intervall t_0 + Δt m Fahrzeuge auftreten, ist unabhängig von t_0:

$$P_{t_0, t_0 + \Delta t}[M = m] = P_{\Delta t}[M = m]$$

2) Der Verkehrsstrom darf keine Nachwirkungen haben; d.h. aus dem vorangegangenen Ablauf des Geschehens können keine Informationen über das zukünftige Verhalten gewonnen werden: $P_{t_0, t_0 + \Delta t}[M = m]$ ist unabhängig vom Geschehen vor t_0.

3) Das gleichzeitige Auftreten mehrerer Fahrzeuge an einem Querschnitt x_i kann vernachlässigt werden, d.h.

[+)]Im folgenden wird i.a. nur noch das Geschehen über die Zeit betrachtet, weil die Betrachtung über den Weg analog verläuft.

$$\lim_{\Delta t \to 0} \frac{P[M(x_i, t, \Delta t) > 1]}{\Delta t} = 0$$

(vgl. Abschn. II.2.1).

Aus diesen drei Bedingungen erhält man die gesuchte Wahrscheinlichkeit $P_{\Delta t}[M = m]$
zu

$$P_{\Delta t}[M = m] = \frac{(\lambda \Delta t)^m}{m!} \, e^{-\lambda \Delta t} \qquad\qquad (II.43)$$

$$m = 0, 1, 2, \ldots$$

(bzw. analog

$$P_{\Delta x}[N = n] = \frac{(\kappa \Delta x)^n}{n!} \, e^{-\kappa \Delta x}$$

$$n = 0, 1, 2, \ldots$$

bei Betrachtung des Weges) und die Verteilungsfunktion zu

$$P_{\Delta t}[M \leq m] = \sum_{m_i \leq m} \frac{(\lambda \Delta t)^{m_i}}{m_i!} \, e^{-\lambda \Delta t} \qquad\qquad (II.44)$$

(vgl. Beisp. 16).

Der Erwartungswert errechnet sich zu

$$E(M) = \lambda \Delta t$$

und die Varianz zu

$$\sigma_M^2 = \lambda \Delta t$$

Erwartungswert und Varianz sind also gleich.

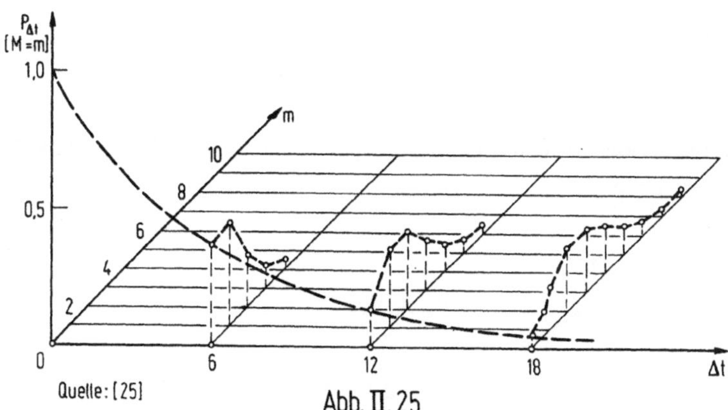

Abb. II. 25

Wenn der Verkehrsstrom durch einen solchen Poissonprozess beschrieben werden kann,
dann sind die Zeitlücken (so nennt man sprachlich wenig schön die zeitlichen Abstände zwischen gleichen Bezugspunkten aufeinanderfolgender Fahrzeuge) zwischen den
einzelnen an einem Querschnitt vorbeifahrenden Fahrzeugen exponentialverteilt:

Es ist die Wahrscheinlichkeit, daß in einem Intervall Δt kein Fahrzeug auftritt
(m = 0) gleich der Wahrscheinlichkeit für eine Zeitlücke $\geq \Delta t$:

$$P_{\Delta t}[M = 0] = \frac{(\lambda \Delta t)^0}{0!} \, e^{-\lambda \Delta t} = e^{-\lambda \Delta t} \, .$$

Man bezeichnet die so definierte Wahrscheinlichkeit (wobei nun die Zufallsvariable
(Zeitlücke) mit Z bezeichnet wird) als die komplementäre Verteilungsfunktion der
Exponentialverteilung:

$$P[Z > z] = e^{-\lambda z} \qquad\qquad\qquad (II.45)$$

(bzw. wenn die Zufallsvariable "Wegabstand" mit A bezeichnet wird

$$P[A > a] = e^{-\kappa a} \,).$$

Wegen $P[Z \leq \infty] = 1$ (vgl. Abschn. II.1) ergibt sich die Wahrscheinlichkeit für das
Auftreten einer Zeitlücke $Z \leq z$ zu

$$P[Z \leq z] = 1 - e^{-\lambda z} \, . \qquad\qquad\qquad (II.46)$$

Die zugehörige Wahrscheinlichkeitsdichte ist

$$f(z) = \frac{dP[Z \leq z]}{dz} = \begin{cases} 0 & \text{für } z < 0 \\ \lambda e^{-\lambda z} & \text{für } z \geq 0 \end{cases} \, . \qquad (II.47)$$

Der Erwartungswert errechnet sich zu $E(Z) = 1/\lambda$ und die Varianz zu $\sigma_Z^2 = 1/\lambda^2$.
Die Exponentialverteilung ist also eine stetige Verteilung, da z jeden möglichen
Wert annehmen kann.

Exponentialfunktionen bilden sich auf halblogarithmischem Koordinatenpapier als
Geraden ab: für $z = 1/\lambda = E(Z)$ wird

$$P[Z > E(Z)] = e^{-\lambda/\lambda} = e^{-1} = 0{,}368 \, .$$

Wie Abb. II.26 zeigt, läßt sich damit die komplementäre Verteilungsfunktion aus
zwei Punkten konstruieren

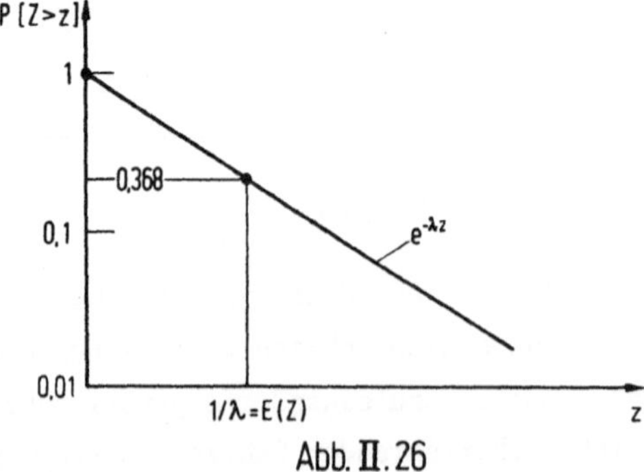

Abb. II.26

Damit läßt sich durch Eintragen beobachteter Zeitlückenwerte in ein solches Koordinatensystem besonders einfach durch Augenschein in erster Näherung abschätzen, ob Stationarität vorgelegen haben kann (s. Abb. II.27). Allerdings ist Geradlinigkeit der Beobachtungswerte zwar eine notwendige, aber keine hinreichende Bedingung für das Vorliegen von Stationarität. Zur sorgfältigen Prüfung müssen detailliertere Überlegungen angestellt werden.

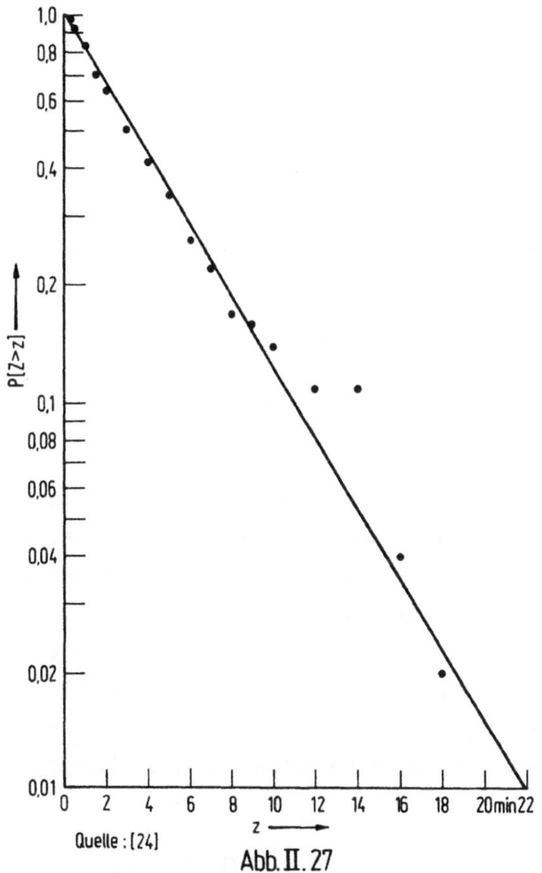

Abb. II. 27

Freier Verkehr kann auch instationär sein: $\lambda = \lambda(t)$ bzw. $\kappa = \kappa(x)$ (vgl. Abschn. II.3.1).

Nimmt man beispielsweise an, während eines Beobachtungszeitraums $T = T_1 + T_2$ herrscht in T_1 ein (stationärer) Verkehr mit λ_1 und in T_2 ein (ebenfalls stationärer) Verkehr mit λ_2, so ergibt sich für die gesamte Beobachtungszeit die Wahrscheinlichkeit dafür, daß eine Zeitlücke $Z > z$ beobachtet wird, zu

$$P[Z > z] = \frac{T_1 \lambda_1 e^{-\lambda_1 z} + T_2 \lambda_2 e^{-\lambda_2 z}}{T_1 \lambda_1 + T_2 \lambda_2} \tag{II.48}$$

In einem logarithmischen Koordinatensystem ist diese komplementäre Verteilungsfunktion keine Gerade mehr (Abb. II.28):

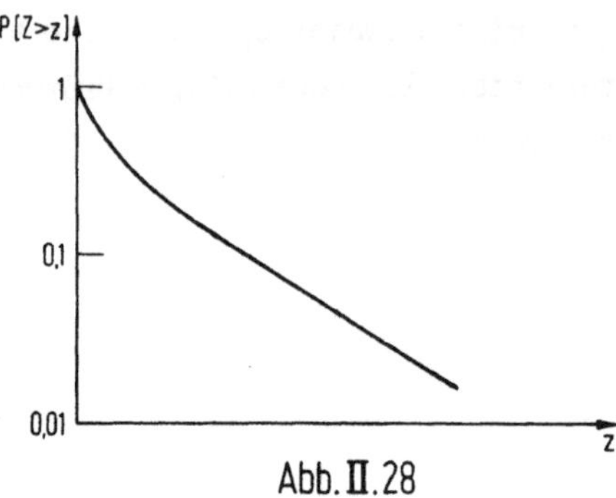

Abb. II.28

Bei k Abschnitten mit jeweils λ_k ergibt sich allgemein

$$P[Z > z] = \frac{\sum_{i=1}^{k} T_i \lambda_i e^{-\lambda_i z}}{\sum_{i=1}^{k} T_i \lambda_i} \qquad (II.49)$$

Bei stärkerem Verkehr müssen häufig mehrere Fahrzeuge ihre Geschwindigkeit nach der des Vordermannes richten; es bilden sich Kolonnen (vgl. Abschn. II.3.3). Würden diese Fahrzeuge (wie in Abschn. II.3.3.1.1) alle gleichen Abstand haben, stellte sich die komplementäre Verteilungsfunktion der Zeitlücken als eine Sprungfunktion dar (in Abb. II.29 schwach gezeichnet). In Wirklichkeit werden auch die Abstände der Fahrzeuge, die in Kolonne fahren, irgendwie verteilt sein. Nimmt man auch hier wieder an, sie seien ebenfalls exponentialverteilt, und ist z_0 die kleinste auftretende Zeitlücke, dann erhält man eine komplementäre Verteilungsfunktion in der Form (in Abb. II.29 stark gezeichnet):

$$P[Z > z] = \begin{cases} 1 & \text{für } z < z_0 \\ e^{-\lambda'(z-z_0)} & \text{für } z \ge z_0 \end{cases} \qquad (II.50)$$

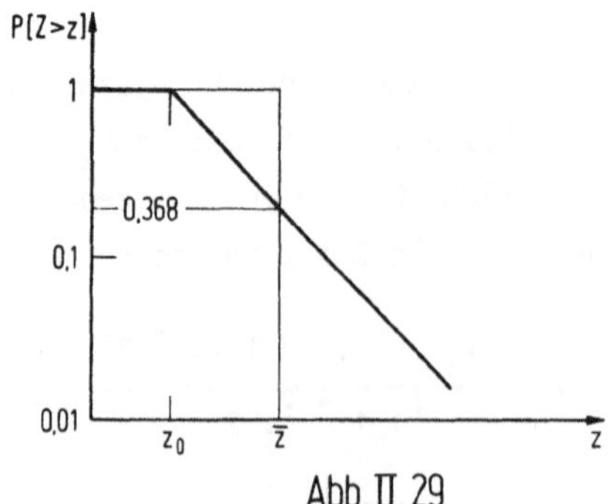

Abb. II.29

Der Erwartungswert dieser Verteilungsfunktion muß gleich der tatsächlichen mittleren Zeitlücke $\bar{z} = 1/\lambda$ sein. Daraus wird:

$$\lambda' = \frac{\lambda}{1 - z_0\lambda} \cdot$$

Nimmt man an, die betrachtete Verkehrsmenge setze sich aus zwei Teilmengen zusammen, von denen die eine aus Fahrzeugen besteht, die nicht behindert sind, und die andere aus den Fahrzeugen, die in Kolonne fahren, so ergibt die Überlagerung beider Teilmengen eine komplementäre Verteilungsfunktion der Form

$$P[Z > z] = \frac{T_1\lambda_1}{T_1\lambda_1 + T_2\lambda_2} e^{-\lambda_1 z} + \frac{T_2\lambda_2}{T_1\lambda_1 + T_2\lambda_2} e^{-(\frac{\lambda_2}{1-z_0\lambda_2})(z-z_0)} \tag{II.51}$$

Um die Tatsache zu berücksichtigen, daß sehr kleine Zeitlücken bei Kolonnenfahrten seltener oder gar nicht auftreten, wird zur Beschreibung von Abständen häufig auch die Erlangverteilung mit der Verteilungsfunktion

$$F(z) = P[Z \leq z] = \int_0^z \frac{(k\lambda)^k}{(k - 1)!} y^{k-1} e^{-k\lambda y} dy \tag{II.52}$$

benutzt. Die dazugehörige Wahrscheinlichkeitsdichte $f(z)$ ist dadurch charakterisiert, daß sie ihr Maximum - außer für $k = 1$ - bei einem Wert $z > 0$ hat (Abb. II.30; kartesisches Koordinatensystem!).

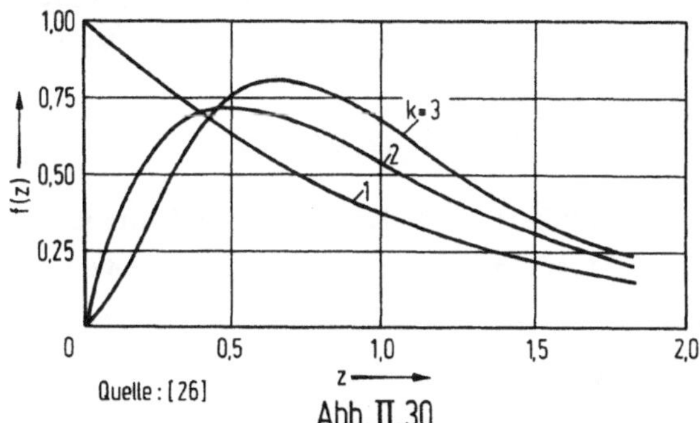

Abb. II.30

Wie aus Abb. II.30 und auch aus Gl. (II.52) zu erkennen ist, wird für $k = 1$ die Erlangverteilung zur Exponentialverteilung.

Da bei der Erlangverteilung die k-Werte nur ganzzahlig sein können, ist sie wiederum ein Sonderfall der noch allgemeineren Pearson-Typ III-Verteilung

$$P[Z \leq z] = \int_0^z \frac{h^k}{\Gamma(k)} y^{k-1} e^{-hy} dy \tag{II.53}$$

mit $h = \lambda k$, die für beliebige (also auch nicht ganzzahlige) k-Werte gilt.

2.5 Zusammenhänge zwischen den Parametern

2.5.1 Theoretische Grundlagen

In Gl. (II.24) und Gl. (II.28) waren unter den Bedingungen des Ringbeispiels Beziehungen zwischen q, k und Geschwindigkeitsmittelwerten hergeleitet worden:

$$q = kE_m(V)$$

$$k = qE_1(\tfrac{1}{V}) = qE_1(W) \; .$$

Die gleichen Beziehungen lassen sich auch wahrscheinlichkeitstheoretisch herleiten.

Bei einer lokalen Beobachtung an der Stelle x ist die Wahrscheinlichkeit, daß im Zeitintervall (t, t + dt) ein Fahrzeug mit der Geschwindigkeit v auftritt, gleich dem Produkt aus der Wahrscheinlichkeit, daß ein Fahrzeug im betrachteten Intervall auftritt, mit der Wahrscheinlichkeit, daß es die Geschwindigkeit v hat.

Die Wahrscheinlichkeit, daß ein Fahrzeug an der Stelle x in dt auftritt, ergibt sich aus der Definition der Intensität zu $\lambda_x(t)dt$; die Wahrscheinlichkeit, daß es die Geschwindigkeit v hat, ist $g_1(v,x,t)dv = dG_1(v,x,t)$:

$$\lambda_x(t)dtdG_1(v,x,t) \; .$$

Entsprechend ist die Wahrscheinlichkeit, daß bei einer momentanen Beobachtung zum Zeitpunkt t ein Fahrzeug mit der Geschwindigkeit v sich im Wegintervall (x, x + dx) befindet

$$\kappa_t(x)dxdG_m(v,x,t) \; .$$

Mit der gleichen Wahrscheinlichkeit, mit der bei x ein Fahrzeug mit v im Intervall dt ankommt, muß es auch im Wegintervall (x, x + vdt) auftreten (s. Abb. II.31).

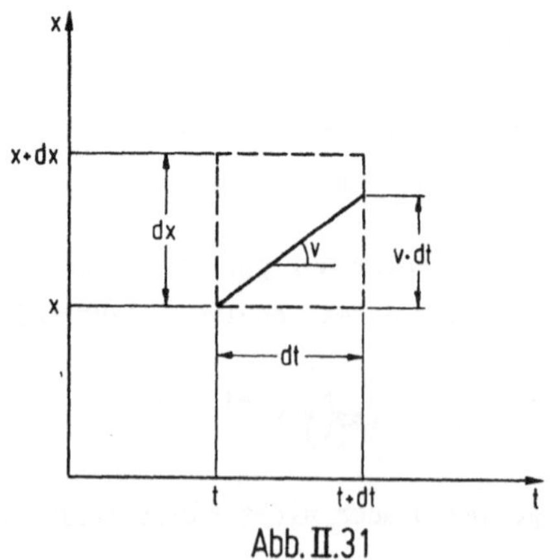

Abb. II.31

Also ist

$$\lambda_x(t)dG_1(v,x,t)dt = \kappa_t(x)dG_m(v,x,t)vdt \ .$$

Integriert man über alle v, erhält man:

$$\lambda_x(t) \int\limits_0^\infty dG_1(v,x,t) = \kappa_t(x) \int\limits_0^\infty vdG_m(v,x,t)$$

$$\lambda_x(t) = \kappa_t(x)E_m[V(x,t)] \qquad\qquad (II.54)$$

bzw.

$$\lambda_x(t) \int\limits_0^\infty \frac{1}{v}dG_1(v,x,t) = \kappa_t(x) \int\limits_0^\infty dG_m(v,x,t)$$

$$\lambda_x(t)E_1[\frac{1}{V(x,t)}] = \lambda_x(t)E_1[W(x,t)] = \kappa_t(x) \ . \qquad (II.55)$$

Im übrigen gelten Beziehungen der Form

$$q[\frac{Fahrzeuge}{Zeit}] = k[\frac{Fahrzeuge}{Weg}] \cdot v[\frac{Weg}{Zeit}]$$

bzw.

$$k[\frac{Fahrzeuge}{Weg}] = q[\frac{Fahrzeuge}{Zeit}] \cdot w[\frac{Zeit}{Weg}]$$

ganz allgemein aus Gründen der Dimensionsgleichheit. Welche Bedeutung die einzelnen Parameter dann haben, bestimmt sich aus der Meßmethode.

2.5.2 Der Einfluß der Meßmethode

2.5.2.1 Die lokale Messung in Intervallen

Bei einer lokalen Messung mißt man unabhängig von der Zustandsform des Verkehrsablaufs in einem Zeitintervall $\Delta t = T$ eine Menge M von Fahrzeugen und deren Geschwindigkeiten v_i. Dann ist nach Gl. (II.14) $q = M/T$ die Verkehrsstärke und

$$\bar{v}_1 = \frac{1}{M}\sum_{i=1}^M v_i = \frac{\sum\limits_{i=1}^k v_i m_i}{M}$$

die mittlere lokale Geschwindigkeit.

Die Größe

$$\bar{w}_1 = \frac{\sum\limits_{i=1}^k \frac{1}{v_i} m_i}{M}$$

nennt man die mittlere lokale Langsamkeit (vgl. Gl. (II.30)) und das Produkt $k = q\bar{w}_1$ die Verkehrsdichte.

Mißt man, wie in Abschn. II.2.1 erläutert, an zwei Stellen x_0 und x_i lokal, dann ist aus der Messung bei x_0

$$q = \frac{\phi_{x_0}(t_i) - \phi_{x_0}(t_0)}{T} = \frac{M}{T}$$

und aus beiden Messungen nach Gl. (II.17) mit $\Delta x = X$

$$k = \frac{\phi_{x_i}(t_i) - \phi_{x_0}(t_i)}{X} = \frac{N}{X}$$

Der Quotient

$$\frac{q}{k} = \frac{M}{N}\,\frac{X}{T} = \bar{v}_m$$

ist die Neigung eines Radiusvektors im Fundamentaldiagramm (s. Abb. II.45); man nennt $\bar{v}_m$ die mittlere momentane Geschwindigkeit.

Es sei $z_i = t_i - t_{i+1}$ die Zeitlücke zwischen zwei Fahrzeugen. Legt man die Messung so an, daß sie jeweils mit einem Fahrzeugdurchgang beginnt und endet, dann ist

$$T = \sum^{i} z_i \qquad {}^{+)}$$

und es wird

$$q = \frac{M}{T} = \frac{M}{\sum\limits_{i=1}^{i=M} z_i} \tag{II.56}$$

$$k = \frac{\sum\limits^{i} \frac{1}{v_i}}{T} = \frac{\sum\limits^{i} \frac{1}{v_i}}{\sum\limits^{i} z_i} = \frac{\sum\limits^{i} w_i}{\sum\limits^{i} z_i} \tag{II.57}$$

$$\bar{v}_m = \frac{q}{k}$$

wie vorher.

Es sei angenommen, die Messung werde in mehreren Teilintervallen T_r durchgeführt. Für jedes Teilintervall kann man q_r, k_r und $\bar{v}_{m_r}$ nach den oben stehenden Formeln berechnen.

Weil $M = \sum^{r} M_r$ und $T = \sum^{r} T_r$, wird für die gesamte Messung

---

$^{+)}$Es ist i = M; das Kollektiv der beobachteten Fahrzeuge umfaßt nur die Fahrzeuge am Beginn oder am Ende der Zeitlücke.

$$q = \frac{M}{T} = \frac{\sum\limits^{r} M_r}{\sum\limits^{r} T_r} = \frac{\sum\limits^{r} T_r q_r}{\sum\limits^{r} T_r} \tag{II.58}$$

und mit $\sum\limits^{i} \dfrac{1}{v_i} = \sum\limits^{i} w_i = T_r k_r$

$$k = \frac{\sum\limits^{r} \sum\limits^{i} w_i}{T} = \frac{\sum\limits^{r} T_r k_r}{\sum\limits^{r} T_r} \; . \tag{II.59}$$

Daraus wird

$$\bar{v}_m = \frac{q}{k} = \frac{\sum\limits^{r} T_r q_r}{\sum\limits^{r} T_r k_r} \tag{II.60}$$

Sind alle Zeitintervalle T_r gleich groß, so ist

$$T = \sum\limits^{r} T_r = r T_r$$

und es wird

$$q = \frac{\sum\limits^{r} T_r q_r}{\sum\limits^{r} T_r} = \frac{T_r \sum\limits^{r} q_r}{r T_r} = \frac{\sum\limits^{r} q_r}{r} \tag{II.61}$$

und entsprechend

$$k = \frac{\sum\limits^{r} T_r k_r}{\sum\limits^{r} T_r} = \frac{\sum\limits^{r} k_r}{r} \tag{II.62}$$

$$\bar{v}_m = \frac{q}{k} = \frac{\sum\limits^{r} q_r}{\sum\limits^{r} k_r} \; . \tag{II.63}$$

Unterteilt man die Messung so, daß jeweils gleiche Teilmengen M_r an Fahrzeugen beobachtet werden, so ist

$$q = \frac{\sum\limits^{r} M_r}{\sum\limits^{r} T_r} = \frac{r M_r}{\sum\limits^{r} T_r}$$

oder, mit $T_r = M_r / q_r$

$$q = \frac{r M_r}{M_r \sum\limits^{r} \dfrac{1}{q_r}} = \frac{r}{\sum\limits^{r} \dfrac{1}{q_r}} \tag{II.64}$$

$$k = \frac{\sum\limits^{r} T_r k_r}{\sum\limits^{r} T_r} = \frac{\sum\limits^{r} \frac{M_r}{q_r} k_r}{\sum\limits^{r} \frac{M_r}{q_r}} = \frac{M_r \sum\limits^{r} \frac{k_r}{q_r}}{M_r \sum\limits^{r} \frac{1}{q_r}} = \frac{\sum\limits^{r} \frac{k_r}{q_r}}{\sum\limits^{r} \frac{1}{q_r}} = \frac{\sum\limits^{r} \bar{w}_{1_r}}{\sum\limits^{r} \frac{1}{q_r}} \qquad (II.65)$$

$$\bar{v}_m = \frac{q}{k} = \frac{r}{\sum\limits^{r} \frac{k_r}{q_r}} = \frac{r}{\sum\limits^{r} \bar{w}_{1_r}} = \frac{1}{\bar{w}_1} \qquad (II.66)$$

Beispiel 22:

Die Fahrzeuge des Beisp. 19 in Abschn. II.2.3.2 mögen sich zum Zeitpunkt t_0 in Positionen befinden, wie sie Abb. II.32a zeigt. Sie legen pro Minute einen Weg $\Delta x_i = v_i \cdot 1000/60$ m zurück.

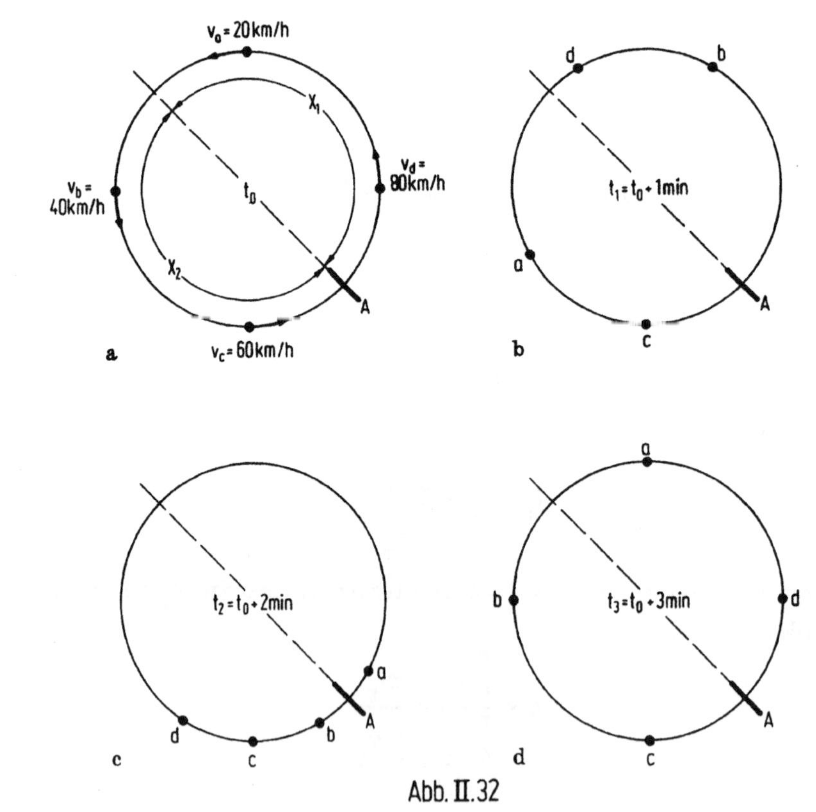

Abb. II.32

Also:

$$\text{Fahrzeug a bei 20 km/h } \Delta x_1 = 16{,}6\overline{6} \; v_i = \quad 333{,}\overline{3} \text{ m}$$
$$\text{Fahrzeug b bei 40 km/h } \Delta x_2 = \qquad\qquad 666{,}\overline{6} \text{ m}$$
$$\text{Fahrzeug c bei 60 km/h } \Delta x_3 = \qquad\qquad 1000{,}0 \text{ m}$$
$$\text{Fahrzeug d bei 80 km/h } \Delta x_4 = \qquad\qquad 1333{,}\overline{3} \text{ m} \; .$$

Dann befinden sich die Fahrzeuge jeweils 1 Minute später in den in Abb. II.32 b-d dargestellten Positionen.

Beobachtet werde in zwei Zeitintervallen: $T_1 = t_1 - t_0 = 1$ min und $T_2 = t_3 - t_1 = 2$ min. Während T_1 passieren die Fahrzeuge b, c und d den Querschnitt A gerade einmal: es ist $M_1 = 3$ Fhz und $q_1 = 3$ Fhz/1 min. Während des Intervalls T_2 passieren den Querschnitt A

$$\text{Fahrzeug a - 1 mal}$$
$$\text{Fahrzeug b - 1 mal}$$
$$\text{Fahrzeug c - 2 mal}$$
$$\text{Fahrzeug d - 3 mal,}$$

also insgesamt $M_2 = 7$ Fhz; dann ist $q_2 = 7$ Fhz/2 min. Insgesamt wurden in 3 min M =10 Fhz beobachtet:

$$q = 10 \text{ Fhz/3 min}$$

oder aus Gl. (II.58)

$$q = \frac{3}{1}\cdot 1 + \frac{7}{2}\cdot 2 = \frac{10}{3} \text{ Fhz/min.}$$

Weil im Beispiel k_r unabhängig vom Zeitintervall immer konstant $k_r = 4$ Fhz/km ist, ist die Berechnung von k trivial.

Nach Gl. (II.60) errechnet sich die mittlere momentane Geschwindigkeit zu

$$\bar{v}_m = \frac{q}{k} = \frac{10/3}{4} = \frac{5}{6} \text{ km/min} = 50 \text{ km/h.}$$

Beobachtet werde in r = 2 gleich langen Zeitintervallen $T_1 = t_2 - t_1 = 1$ min und $T_2 = t_3 - t_2 = 1$ min. Während T_1 passieren die Fahrzeuge a, c und d gerade einmal den Querschnitt A; es ist $M_1 = 3$ Fhz und $q_1 = 3$ Fhz/1 min. Während T_2 werden am Querschnitt A 4 Fahrzeuge (b, c und zweimal d) beobachtet, also ist $M_2 = 4$ Fhz und $q_2 = 4$ Fhz/1 min. Insgesamt werden in 2 min M = 7 Fhz beobachtet: Es ist q = 7 Fhz/2 min oder aus Gl. (II.61)

$$q = \frac{3}{1}\cdot 1 + \frac{4}{1}\cdot 1 = \frac{7}{2} \text{ Fhz/min.}$$

Auch hierbei ist $k_r = 4$ Fhz/km konstant.

Nach Gl. (II.63) errechnet sich $\bar{v}_m$ zu

$$\bar{v}_m = \frac{q}{k} = \frac{7}{8} \text{ km/min} = 52 \text{ km/h} \; .$$

(Wegen der Abweichung gegenüber $\bar{v}_m = 50$ km/h in der vorhergehenden Rechnung s. die Stichprobenillustration in Abb. II.19).

2.5.2.2 Die momentane Messung in Intervallen

Bei einer momentanen Messung mißt man unabhängig von der Zustandsform des Verkehrsablaufs auf einem Wegintervall $\Delta x = X$ eine Menge N von Fahrzeugen und (theoretisch) deren Geschwindigkeiten v_i. Dann ist nach Gl. (II.19) $k = N/X$ die Verkehrsdichte und

$$\bar{v}_m = \frac{1}{N}\sum_{i=1}^{N} v_i = \frac{\sum_{i=1}^{k} n_i v_i}{N}$$

die mittlere momentane Geschwindigkeit. Das Produkt $q = k\bar{v}_m$ nennt man die Verkehrsstärke.

Mißt man, wie in Abschn. II.2.2 erläutert, zu zwei Zeitpunkten t_0 und t_1 momentan, dann ist aus der Messung zum Zeitpunkt t_0

$$k = \frac{\psi_{t_0}(x_i) - \psi_{t_0}(x_0)}{X} = \frac{N}{X}$$

und aus beiden Messungen nach Gl. (II.20) mit $\Delta t = T$

$$q = -\frac{\psi_{t_1}(x_i) - \psi_{t_0}(x_i)}{T} = \frac{M}{T} .$$

Der Quotient

$$\frac{q}{k} = \frac{M}{N}\frac{X}{T} = \bar{v}_m$$

wird wie in Abschn. II.2.5.2.1 die mittlere momentane Geschwindigkeit genannt.

Ist $a_i = x_i - x_{i+1}$ der (Brutto-) Abstand zwischen zwei Fahrzeugen, und definiert man die Wegstrecke X so, daß Anfang und Ende jeweils durch ein Fahrzeug markiert werden, dann ist

$$X = \sum^{i} a_i \qquad {}^{+)}$$

und es wird

$$k = \frac{N}{X} = \frac{N}{\sum^{i=N} a_i} \tag{II.67}$$

$$q = \frac{\sum^{i} v_i}{X} = \frac{\sum^{i} v_i}{\sum^{i} a_i} \tag{II.68}$$

${}^{+)}$Es ist $i = N$; das Kollektiv der beobachteten Fahrzeuge umfaßt nur die Fahrzeuge am Beginn oder am Ende des Abstands.

$$\bar{v}_m = \frac{q}{k}$$

wie oben.

Es sei angenommen, die Messung werde auf verschiedenen Teilstrecken X_r durchgeführt. Für jede Teilstrecke lassen sich k_r, q_r und $\bar{v}_{m_r}$ nach den obenstehenden Formeln berechnen. Mit

$$N = \sum^r N_r \qquad \text{und} \qquad X = \sum^r X_r$$

wird für die gesamte Strecke

$$k = \frac{N}{X} = \frac{\sum^r N_r}{\sum^r X_r} = \frac{\sum^r X_r k_r}{\sum^r X_r} \tag{II.69}$$

und mit $\sum^i v_i = X_r q_r$

$$q = \frac{\sum^r \sum^i v_i}{X} = \frac{\sum^r X_r q_r}{\sum^r X_r} \tag{II.70}$$

Daraus wird

$$\bar{v}_m = \frac{q}{k} = \frac{\sum^r X_r q_r}{\sum^r X_r k_r} \, . \tag{II.71}$$

Sind alle Teilstrecken X_r gleich groß, so ist

$$X = \sum^r X_r = rX_r$$

und es wird

$$k = \frac{\sum^r X_r k_r}{\sum^r X_r} = \frac{X_r \sum^r k_r}{rX_r} = \frac{\sum^r k_r}{r} \tag{II.72}$$

$$q = \frac{\sum^r X_r q_r}{\sum^r X_r} = \frac{\sum^r q_r}{r} \tag{II.73}$$

$$\bar{v}_m = \frac{q}{k} = \frac{\sum^r q_r}{\sum^r k_r} \tag{II.74}$$

Unterteilt man die Messung so, daß jeweils gleiche Teilmengen N_r an Fahrzeugen beobachtet werden, so ist

$$k = \frac{\sum\limits^{r} N_r}{\sum\limits^{r} X_r} = \frac{r N_r}{\sum\limits^{r} X_r}$$

oder, mit $X_r = \dfrac{N_r}{k_r}$

$$k = \frac{r N_r}{N_r \sum\limits^{r} \frac{1}{k_r}} = \frac{r}{\sum\limits^{r} \frac{1}{k_r}} \tag{II.75}$$

$$q = \frac{\sum\limits^{r} X_r q_r}{\sum\limits^{r} X_r} = \frac{\sum\limits^{r} \frac{N_r}{k_r} q_r}{\sum\limits^{r} \frac{N_r}{k_r}} = \frac{N_r \sum\limits^{r} \frac{q_r}{k_r}}{N_r \sum\limits^{r} \frac{1}{k_r}} = \frac{\sum\limits^{r} \bar{v}_{m_r}}{\sum\limits^{r} \frac{1}{k_r}} \tag{II.76}$$

$$\bar{v}_m = \frac{q}{k} = \frac{\sum\limits^{r} \frac{q_r}{k_r}}{r} = \frac{\sum\limits^{r} \bar{v}_{m_r}}{r} \tag{II.77}$$

Beispiel 23:

Gegeben sei wieder der Verkehrsablauf auf der Ringfahrbahn, wie ihn Abb. 32a-d darstellen. Gemessen werde auf den beiden Teilstrecken X_1 und X_2 von je 500 m Länge zum Zeitpunkt t_1. Dann ist $k_1 = k_2 = 2/0{,}5$ [Fhz/0,5 km] und nach Gl. (II.68)

$$q_1 = \frac{v_b + v_d}{X_1} = \frac{40 + 80}{0{,}5} = 240 \text{ Fhz/h}$$

$$q_2 = \frac{v_a + v_c}{X_2} = \frac{20 + 60}{0{,}5} = 160 \text{ Fhz/h}$$

und daraus

$$k = \frac{k_1 + k_2}{2} = 2 \text{ Fhz/0,5 km}$$

$$q = \frac{q_1 + q_2}{2} = \frac{400}{2} = 200 \text{ Fhz/h}$$

$$\bar{v}_m = \frac{q}{k} = \frac{200}{2 \cdot 2} = 50 \text{ km/h}$$

In Tab. 1 sind alle Formeln noch einmal zusammengestellt.

<table>
<tr>
<th rowspan="3"></th>
<th colspan="6">lokal</th>
<th colspan="6">momentan</th>
</tr>
<tr>
<th rowspan="2">T beliebig</th>
<th rowspan="2">T abgestimmt</th>
<th rowspan="2">bei einer Messung</th>
<th colspan="3">bei mehreren Messungen</th>
<th rowspan="2">X beliebig</th>
<th rowspan="2">X abgestimmt</th>
<th rowspan="2">bei einer Messung</th>
<th colspan="3">bei mehreren Messungen</th>
</tr>
<tr>
<th>allgemein</th>
<th>gleiche Zeitintervalle</th>
<th>gleiche Teilmengen</th>
<th>allgemein</th>
<th>gleiche Wegintervalle</th>
<th>gleiche Teilmengen</th>
</tr>
<tr>
<td>q</td>
<td>$\dfrac{M}{T}$</td>
<td>$\dfrac{M}{\overset{i}{\Sigma} z_i}$</td>
<td>$\dfrac{M}{T}$</td>
<td>$\dfrac{\overset{r}{\Sigma} T_r q_r}{\overset{r}{\Sigma} T_r}$</td>
<td>$\dfrac{\overset{r}{\Sigma} q_r}{r}$</td>
<td>$\dfrac{r}{\overset{r}{\Sigma}(1/q_r)}$</td>
<td>$\dfrac{\overset{i}{\Sigma} v_i}{X}$</td>
<td>$\dfrac{\overset{i}{\Sigma} v_i}{\overset{i}{\Sigma} a_i}$</td>
<td>$\dfrac{\overset{i}{\Sigma}\Delta x_i}{X \Delta t}$</td>
<td>$\dfrac{\overset{r}{\Sigma} X_r q_r}{\overset{r}{\Sigma} X_r}$</td>
<td>$\dfrac{\overset{r}{\Sigma} q_r}{r}$</td>
<td>$\dfrac{\overset{r}{\Sigma}(q_r/k_r)}{\overset{r}{\Sigma} 1/k_r}$</td>
</tr>
<tr>
<td>k</td>
<td>$\dfrac{\overset{i}{\Sigma} w_i}{T}$</td>
<td>$\dfrac{\overset{i}{\Sigma} w_i}{\overset{i}{\Sigma} z_i}$</td>
<td>$\dfrac{\overset{i}{\Sigma}\Delta t_i}{T \Delta x}$</td>
<td>$\dfrac{\overset{r}{\Sigma} T_r k_r}{\overset{r}{\Sigma} T_r}$</td>
<td>$\dfrac{\overset{r}{\Sigma} k_r}{r}$</td>
<td>$\dfrac{\overset{r}{\Sigma}(k_r/q_r)}{\overset{r}{\Sigma}(1/q_r)}$</td>
<td>$\dfrac{N}{X}$</td>
<td>$\dfrac{N}{\overset{i}{\Sigma} a_i}$</td>
<td>$\dfrac{N}{X}$</td>
<td>$\dfrac{\overset{r}{\Sigma} X_r k_r}{\overset{r}{\Sigma} X_r}$</td>
<td>$\dfrac{\overset{r}{\Sigma} k_r}{r}$</td>
<td>$\dfrac{r}{\overset{r}{\Sigma}(1/k_r)}$</td>
</tr>
<tr>
<td>$\overline{V}_m$</td>
<td colspan="2">$\dfrac{M}{\overset{i}{\Sigma} w_i}$</td>
<td>$\dfrac{M \Delta x}{\overset{i}{\Sigma}\Delta t_i}$</td>
<td>$\dfrac{\overset{r}{\Sigma} T_r q_r}{\overset{r}{\Sigma} T_r k_r}$</td>
<td>$\dfrac{\overset{r}{\Sigma} q_r}{\overset{r}{\Sigma} k_r}$</td>
<td>$\dfrac{r}{\overset{r}{\Sigma}(k_r/q_r)}$</td>
<td colspan="2">$\dfrac{\overset{i}{\Sigma} v_i}{N}$</td>
<td>$\dfrac{\overset{i}{\Sigma}\Delta x_i}{N \Delta t}$</td>
<td>$\dfrac{\overset{r}{\Sigma} X_r q_r}{\overset{r}{\Sigma} X_r k_r}$</td>
<td>$\dfrac{\overset{r}{\Sigma} q_r}{\overset{r}{\Sigma} k_r}$</td>
<td>$\dfrac{\overset{r}{\Sigma}(q_r/k_r)}{r}$</td>
</tr>
</table>

Tabelle 1

2.5.2.3 Die quasi-lokale Messung

Gegenüber den im strengen Sinn lokalen Messungen überwiegen Meßmethoden, bei denen die Zeit zum Durchfahren einer vergleichsweise kurzen Meßstrecke Δx zwischen zwei Detektoren gemessen wird (ein Beisp. zeigt Abb. II.33). Solche Messungen heißen q u a s i - l o k a l.

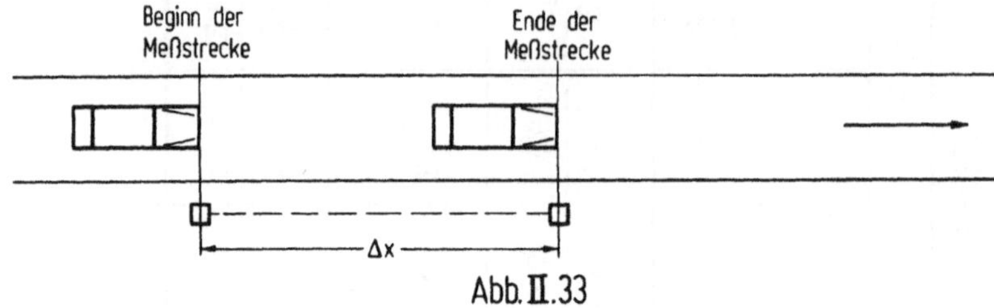

Aus einer quasi-lokalen Messung erhält man für einen der beiden Meßquerschnitte $q = M/T$. Die Größe $v_i = \Delta x/\Delta t_i$ ist streng genommen eine Reisegeschwindigkeit. Trotzdem nennt man auch hier

$$\bar{v}_1 = \frac{1}{M} \sum^i v_i = \frac{1}{M} \sum^i \frac{\Delta x}{\Delta t_i} \tag{II.78}$$

die mittlere lokale Geschwindigkeit.

$$\bar{v}_m = \frac{M}{\sum^i \frac{1}{v_i}} = \frac{M}{\sum^i \frac{\Delta t_i}{\Delta x}} = \frac{M\Delta x}{\sum^i \Delta t_i} = \frac{\Delta x}{\Delta t} \tag{II.79}$$

heißt die mittlere momentane Geschwindigkeit, und

$$\bar{w}_1 = \frac{1}{\bar{v}_m} = \frac{\sum^i \Delta t_i}{M\Delta x} = \frac{\overline{\Delta t}}{\Delta x} \tag{II.80}$$

ist die mittlere lokale Langsamkeit. Damit errechnet sich die Verkehrsdichte zu

$$k = q\bar{w}_1 = \frac{\sum^i \frac{1}{v_i}}{T} = \frac{\sum^i w_i}{T} = \frac{\sum^i \Delta t_i}{T\Delta x} = \frac{M\overline{\Delta t}}{T\Delta x} \tag{II.81}$$

2.5.2.4 Die quasi-momentane Messung

Weil momentane Geschwindigkeiten mehrerer Fahrzeuge auf einer Strecke praktisch kaum gemessen werden können, werden in aller Regel zwei Luftbildbeobachtungen in einem vergleichsweise kurzen Zeitintervall Δt durchgeführt. Solche Messungen heißen q u a s i - m o m e n t a n.

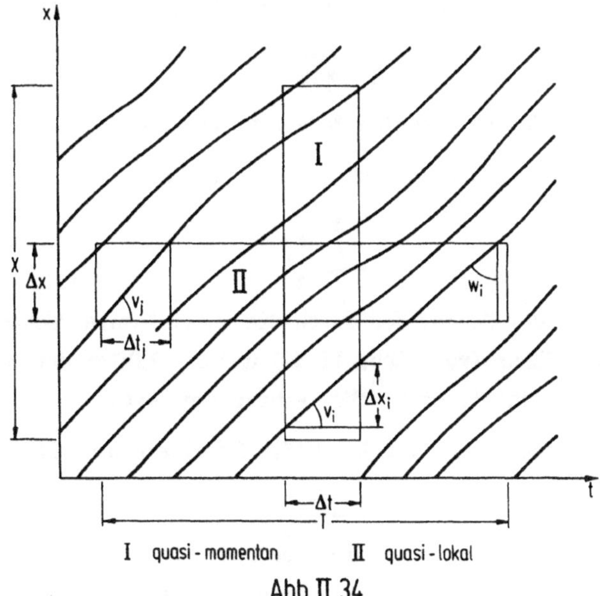

Abb. II.34

Aus einer Beobachtung einer solchen quasi-momentanen Messung (Abb. II.34) erhält man $k = N/X$. Auch hier setzt man die über ein kurzes Zeitintervall gemessene Reisegeschwindigkeit

$$v_i = \frac{\Delta x_i}{\Delta t}$$

der Momentangeschwindigkeit gleich und nennt

$$\bar{v}_m = \frac{1}{N} \sum_{}^{i} v_i = \frac{\sum^{i} \Delta x_i}{N \Delta t} = \frac{\overline{\Delta x}}{\Delta t} \tag{II.82}$$

die mittlere momentane Geschwindigkeit. Das Produkt

$$q = k\bar{v}_m = \frac{\sum^{i} v_i}{X} = \frac{\sum^{i} \Delta x_i}{X \Delta t} = \frac{N \Delta x_i}{X \Delta t} \tag{II.83}$$

nennt man die Verkehrsstärke.

2.5.2.5 Der verallgemeinerte Zusammenhang

Nach Gl. (II.83) war

$$q = \frac{\sum^{i} \Delta x_i}{X \Delta t} .$$

Hierin entspricht der Nenner der durch die quasi-momentane Messung erfaßten Teilfläche in der x-t-Ebene (vgl. Abb. II.34); der Zähler entspricht der Summe der von den N erfaßten Fahrzeugen in dieser Fläche zurückgelegten Wege.

Bei einer lokalen Beobachtung ist $q = M/T$. Erweitert man mit Δx:

$$q = \frac{M\Delta x}{T\Delta x} \, ,$$

so erhalten Zähler und Nenner dieselbe Bedeutung wie oben.

Bei einer quasi-lokalen Beobachtung ist nach Gl. (II.81)

$$k = \frac{\sum\limits^{i} \Delta t_i}{T\Delta x} \, .$$

Auch hierin entspricht der Nenner der durch die quasi-lokale Beobachtung erfaßten Teilfläche in der x-t-Ebene (vgl. Abb. II.34) und der Zähler der von den M erfaßten Fahrzeugen insgesamt in dieser Fläche verbrachten Zeit.

Bei einer momentanen Beobachtung ist $k = N/X$. Erweitert man mit Δt:

$$k = \frac{N\Delta t}{X\Delta t} \, ,$$

so haben Zähler und Nenner ebenfalls dieselbe Bedeutung wie bei der quasi-lokalen Beobachtung. Ist A der Inhalt einer beliebigen Fläche in der x-t-Ebene, so läßt sich wegen

$$M\Delta x = \sum\limits^{i} x_i \quad \text{und} \quad N\Delta t = \sum\limits^{i} t_i$$

allgemein definieren:

$$q = \frac{\sum\limits^{i} \Delta x_i}{A} \tag{II.84}$$

$$k = \frac{\sum\limits^{i} \Delta t_i}{A} \tag{II.85}$$

$$\bar{v}_m = \frac{q}{k} = \frac{\sum\limits^{i} \Delta x_i}{\sum\limits^{i} \Delta t_i} \, , \tag{II.86}$$

In den Formeln für die quasi-lokale bzw. quasi-momentane Messung können Δt bzw. Δx beliebig groß gewählt werden, solange zunächst die aus

$$M\Delta x = \sum\limits^{i} \Delta x_i \quad \text{bzw.} \quad N\Delta t = \sum\limits^{i} \Delta t_i$$

herrührende Bedingung gewahrt bleibt, daß alle Fahrzeuge in der Fläche A entweder die ganze Strecke Δx durchfahren oder während der ganzen Zeit Δt in der Fläche verweilen.

Führt man unter Einhaltung dieser Bedingung mehrere quasi-lokale bzw. quasi-momentane Messungen durch und setzt man für die einzelnen Teilflächen A_r

$$\Delta x = X_r \quad \text{bzw.} \quad \Delta t = T_r \, ,$$

so ist

$$A_r = TX_r = XT_r$$

und (vgl. Abb. II.35) mit

$$\sum^r X_r = X \qquad bzw. \qquad \sum^r T_r = T$$

$$\sum^r A_r = XT$$

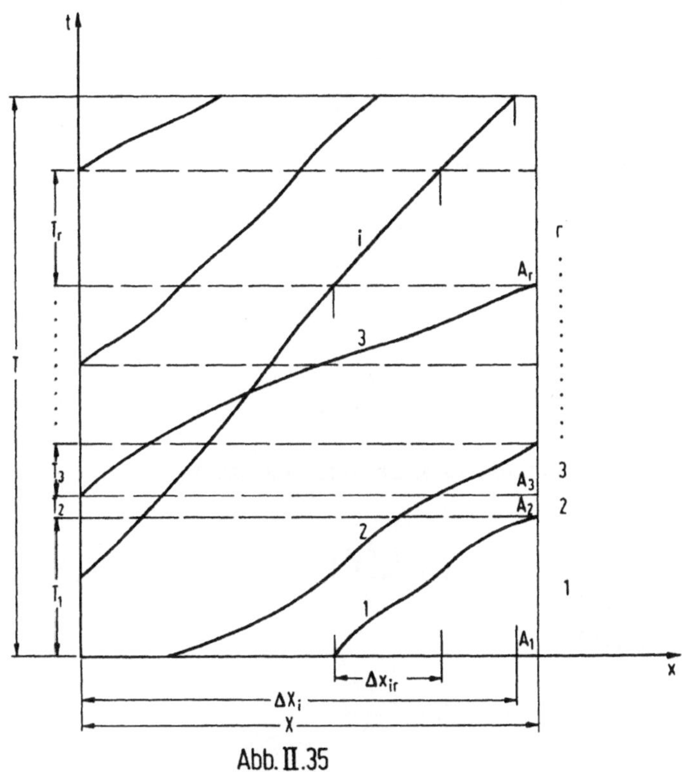

Abb. II.35

Der von einem Fahrzeug i in der Teilfläche A_r zurückgelegte Weg werde mit Δx_{ir},
die von dem Fahrzeug i in A_r verbrachte Zeit mit Δt_{ir} bezeichnet. Dann wird
aus Gl. (II.84)

$$\sum^i \Delta x_{ir} = q_r A_r \; .$$

Nennt man den Weg, den das Fahrzeug i in der Gesamtfläche $A = \sum^r A_r$ zurückgelegt
hat ΔX_i, und die von ihm in dieser Fläche verbrachte Zeit ΔT_i, dann ist

$$\sum^r \Delta x_{ir} = \Delta X_i \qquad bzw. \qquad \sum^r \Delta t_{ir} = \Delta T_i \; .$$

Daraus wird

$$\sum^{r} \sum^{i} x_{ir} = \sum^{r} q_r A_r = \sum^{i} \Delta X_i \qquad (II.87)$$

bzw. in analoger Herleitung unter Hinzuziehung von Gl. (II.85)

$$\sum^{r} \sum^{i} \Delta t_{ir} = \sum^{r} k_r A_r = \sum^{i} \Delta T_i \; . \qquad (II.88)$$

Nach Gl. (II.58) war

$$q = \frac{\sum^{r} T_r q_r}{\sum^{r} T_r} \; .$$

Erweitert man mit X, so wird daraus

$$q = \frac{\sum^{r} A_r q_r}{A}$$

bzw. mit Gl. (II.87)

$$q = \frac{\sum^{i} \Delta X_i}{A} \; . \qquad (II.89)$$

Entsprechend wird aus Gl. (II.69) nach Erweiterung mit T

$$k = \frac{\sum^{r} A_r k_r}{A}$$

und daraus mit Gl. (II.88)

$$k = \frac{\sum^{i} \Delta T_i}{A} \; . \qquad (II.90)$$

Die in den Abschn. 2.5.2.3 und 2.5.2.4 für quasi-lokale bzw. quasi-momentane Messungen hergeleiteten Definitionen für q und k gelten also für Flächen A = XT beliebiger Größe ohne Rücksicht auf die für die Teilflächen eingeführte Randbedingung, wonach die Bewegungslinie eines Fahrzeugs die Fläche jeweils in ihrer ganzen Länge bzw. in ihrer ganzen Breite durchlaufen mußte. Die Definitionen sind auch unabhängig davon, ob der Verkehrsablauf innerhalb der betrachteten Fläche stationär oder instationär ist.

Wie bei den Teilflächen wird die mittlere momentane Geschwindigkeit des Fahrzeugstroms in A definiert zu

$$\bar{v}_m = \frac{\sum^{i} \Delta X_i}{\sum^{i} \Delta T_i} \qquad (II.91)$$

Beispiel 24:

Abb. II.36 stellt einen Ausschnitt aus einer Messung auf einer zweispurigen
Landstraße dar. Dabei sind die Bewegungslinien durch Geraden angenähert, die
der Reisegeschwindigkeit der Fahrzeuge entsprechen. Für diesen Ausschnitt
sollen die Verkehrsstärke q, die Verkehrsdichte k und die mittlere momentane
Geschwindigkeit $\bar{v}_m$ errechnet werden.

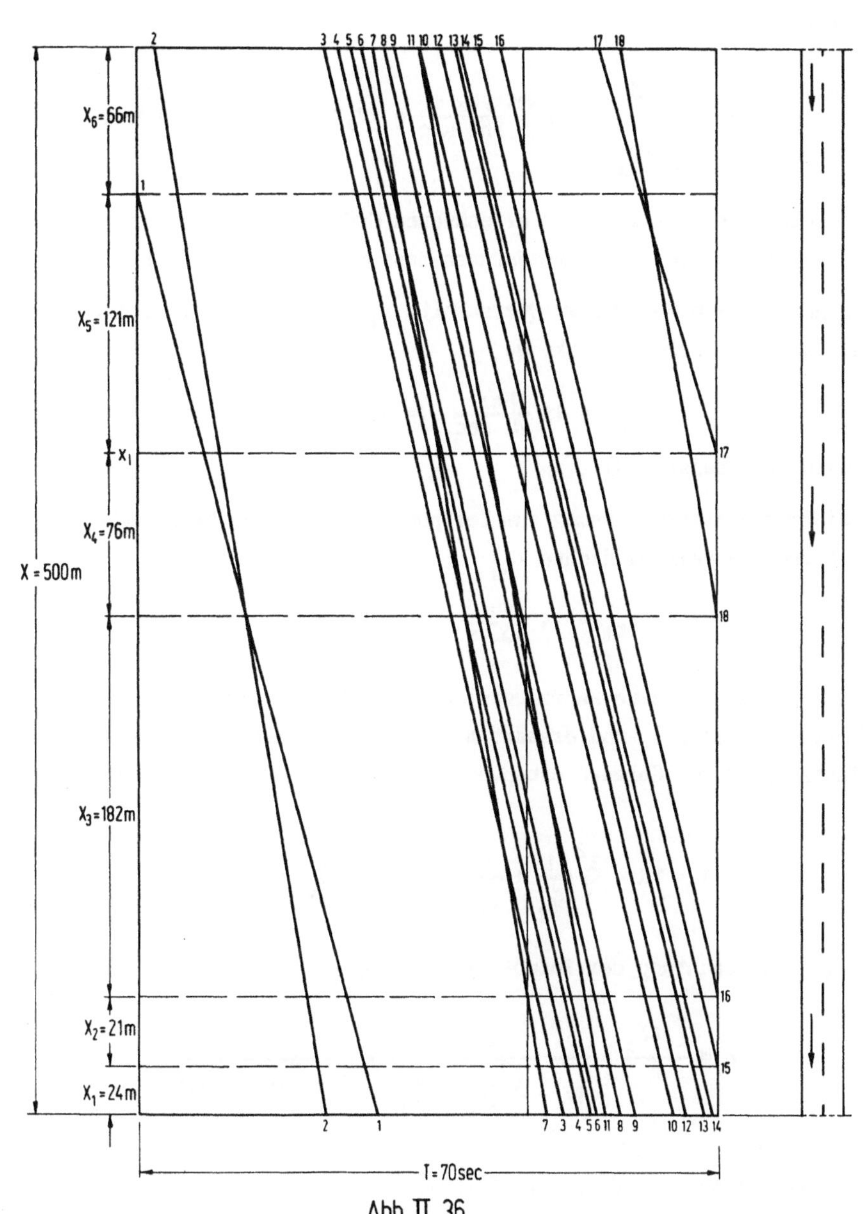

Abb. II. 36

Nach Gl. (II.89) gilt mit $A = XT = 500 \text{ m} \cdot 70 \text{ sec} = 35000 \text{ m sec}$

$$q = \frac{\sum\limits^{i} \Delta X_i}{A} = \frac{8305 \text{ Fhz m}}{35000 \text{ m sec}} = 0,2373 \text{ Fhz/sec} = 854 \text{ Fhz/h} \ .$$

Nach Gl. (II.90) ist

$$k = \frac{\sum\limits^{i} \Delta T_i}{A} = \frac{169,5 \text{ Fhz sec}}{35000 \text{ m sec}} = 0,0134 \text{ Fhz/m} = 13,4 \text{ Fhz/km}$$

und nach Gl. (II.91)

$$\bar{v}_m = \frac{\sum\limits^{i} \Delta X_i}{\sum\limits^{i} \Delta T_i} = \frac{8305 \text{ Fhz m}}{405,5 \text{ Fhz sec}} = 17,73 \text{ m/sec} = 63,8 \text{ km/h} \ .$$

Zum Vergleich seien diesen so errechneten Größen die Werte für q und k aus einer lokalen bzw. aus einer momentanen Messung gegenübergestellt.

Aus einer lokalen Messung am Querschnitt x_1 über das Zeitintervall $T = 70$ sec erhält man die Verkehrsstärke q_{x_1}

$$q_{x_1} = 18 \ \frac{\text{Fhz}}{70 \text{ sec}} \quad (= 926 \text{ Fhz/h})$$

(s. dazu aber Beisp. 18).

Aus einer momentanen Messung zum Zeitpunkt t_m über die Wegstrecke $X = 500$ m erhält man die Verkehrsdichte k_{t_m}

$$k_{t_m} = 14 \ \frac{\text{Fhz}}{500 \text{ m}} \quad (= 28 \text{ Fhz/km}).$$

Beobachtet man speziell eine Fahrzeugkolonne aus M + 1 Fahrzeugen, die eine Strecke x durchfährt (Abb. II.37), und ersetzt man die Bewegungslinie des ersten und des letzten Fahrzeugs durch Geraden entsprechend den Reisegeschwindigkeiten $\hat{v}_0$ und $\hat{v}_M$, so ist

$$A = TX - \frac{X^2}{2}\left(\frac{1}{\bar{v}_0} + \frac{1}{\bar{v}_m}\right) = TX - \frac{X^2}{2}(\bar{w}_0 + \bar{w}_m)$$

und damit (unter Beachtung der Fußnote auf S. 74)

$$q = \frac{\sum \Delta X_i}{A} = \frac{MX}{TX - \frac{X^2}{2}(\bar{w}_0 + \bar{w}_M)} = \frac{M}{T - \frac{X}{2}(\bar{w}_0 + \bar{w}_M)}$$

(für $X \to 0$ wird daraus $q = M/T$; Gl. (II.56)).

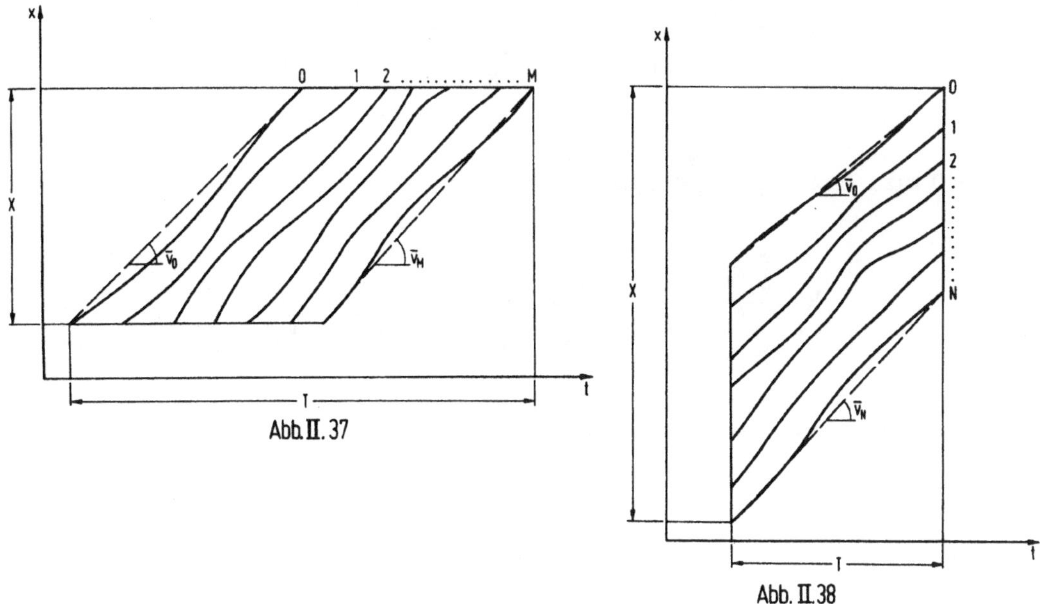

Abb. II. 37

Abb. II. 38

$$k = \frac{\sum\limits^{i} \Delta T_i}{A} = \frac{\sum\limits^{i} X\bar{w}_i}{TX - \frac{X^2}{2}(\bar{w}_O + \bar{w}_M)} = \frac{\sum\limits^{i} \bar{w}_i}{T - \frac{X}{2}(\bar{w}_O + \bar{w}_M)}$$

(für $X \to O$ wird daraus $k = \frac{\sum\limits^{i} w_i}{T}$; Gl. (II.57))

und

$$\bar{v}_m = \frac{q}{k} = \frac{M}{\sum\limits^{i} \bar{w}_i}$$

wie Gl. (II.79).

Während in k und $\bar{v}_m$ demnach die Bewegung aller Fahrzeuge der betrachteten Kolonne eingeht, wird q durch die Geschwindigkeiten nur des ersten und des letzten Fahrzeugs bestimmt.

Die Kolonne kann auch während einer Zeit T beobachtet werden (Abb. II.38). Dann ist

$$A = XT - \frac{T^2}{2}(\bar{v}_O + \bar{v}_N)$$

und damit

$$q = \frac{\sum_i \Delta X_i}{A} = \frac{\sum_i T\bar{v}_i}{XT - \frac{T^2}{2}(\bar{v}_O + \bar{v}_N)} = \frac{\sum_i \bar{v}_i}{X - \frac{T}{2}(\bar{v}_O + \bar{v}_N)}$$

(für $T \to O$ wird daraus $q = \dfrac{\sum_i v_i}{X}$; Gl. (II.68)).

$$k = \frac{\sum_i \Delta T_i}{A} = \frac{NT}{XT - \frac{T^2}{2}(\bar{v}_O + \bar{v}_N)} = \frac{N}{X - \frac{T}{2}(\bar{v}_O + \bar{v}_N)}$$

(für $T \to O$ wird daraus $k = N/X$; Gl. (II.67)),
und

$$\bar{v}_m = \frac{\sum_i \bar{v}_i}{N}$$

wie Gl. (II.82).

Hier hängt k nur von den Geschwindigkeiten des ersten und des letzten Fahrzeugs ab.

2.5.3 Empirische Zusammenhänge

2.5.3.1 Verkehrsstärke und Geschwindigkeit

Einen Verkehrsablauf, bei dem jedes Fahrzeug die von seinem Fahrer gewünschte Geschwindigkeit in den durch das Fahrzeug und den Fahrweg gesetzten Grenzen einhalten
kann, ohne durch andere Fahrzeuge daran gehindert zu werden, nennt man f r e i.
Er ist exakt vorstellbar nur, wenn wenigen Fahrzeugen genügend Fahrspuren zur Ver-
fügung stehen, um jederzeit an jeder Stelle ohne Zeitverlust überholen zu können.
Die in den vorhergehenden Abschnitten wiederholt als Beispiel herangezogene Ringfahrbahn setzt einen solchen Zustand voraus.

Die Geschwindigkeiten der Fahrzeuge im Bereich des freien Verkehrs hängen demnach
nur davon ab, wie schnell ein Fahrer innerhalb der durch Fahrzeug und Fahrweg gegebenen Bedingungen zu fahren wünscht: man nennt sie W u n s c h g e s c h w i n -
d i g k e i t e n. Die Verteilung der Wunschgeschwindigkeiten hängt ab von der
Zusammensetzung des Fahrzeugkollektivs und von den Fahrwegverhältnissen; sie ist
also in aller Regel eine Funktion des Weges. Sie kann auch eine Funktion der Zeit
sein; bekannt sind tageszeitliche Einflüße auf den Wunsch der Fahrer von Kraftfahrzeugen, schneller oder langsamer zu fahren. Langfristig hat die ständige Weiter-

entwicklung im Kraftfahrzeugbau zu im Mittel immer höheren Geschwindigkeiten geführt;
ein Beispiel für deutsche und amerikanische Autobahnen zeigt Abb. II.39.

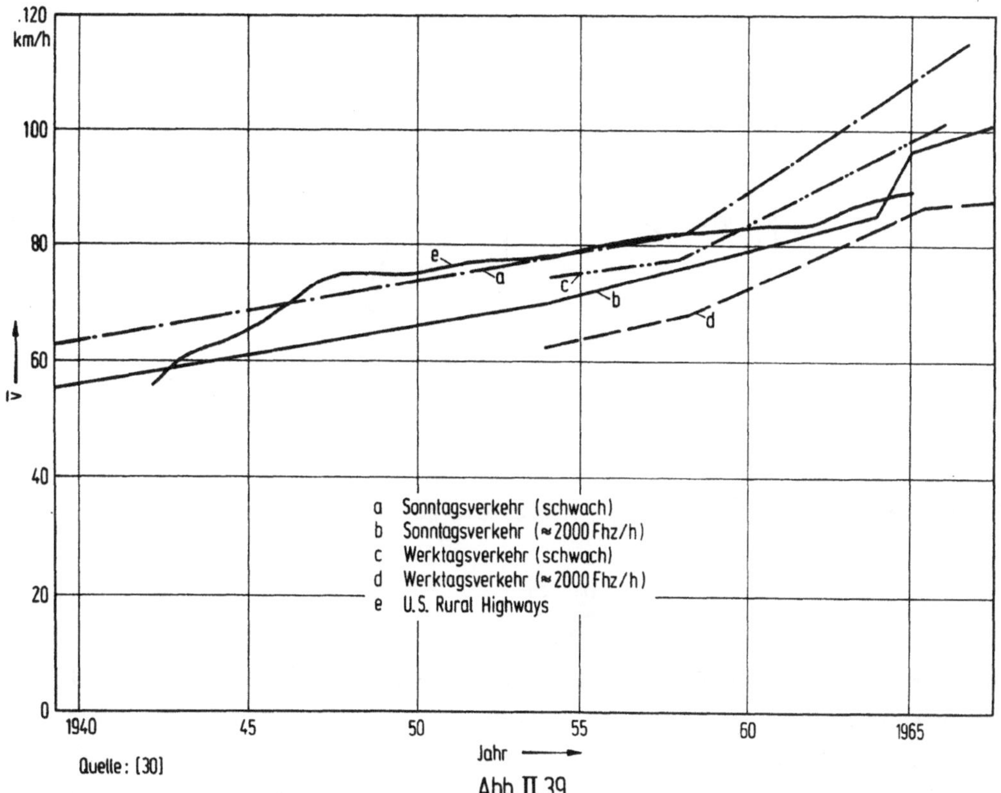

Je stärker der Verkehr wird, desto häufiger werden Fahrzeuge durch mangelnde Über-
holmöglichkeiten an der Beibehaltung der gewünschten freien Geschwindigkeit gehindert: Die Fahrer müssen immer häufiger und immer länger ihre Geschwindigkeit vor-
übergehend auf die Geschwindigkeit des langsameren Vordermannes reduzieren. Daraus
resultiert ein mit zunehmender Verkehrsstärke immer stärkeres Absinken der mittleren Geschwindigkeit des Verkehrsstroms. Einen Verkehrsablauf, bei dem nicht alle
Fahrzeuge frei überholen können, nennt man t e i l g e b u n d e n.

Solange Fahrzeuge entgegen dem Wunsch ihrer Fahrer nicht überholen können, fahren
sie in K o l o n n e : eine Kolonne ist definiert als Teil aufeinanderfolgender
Fahrzeuge einer Fahrzeugreihe, von denen jedes Fahrzeug außer dem ersten in seinem
Geschwindigkeitsverhalten durch ein vorausfahrendes Fahrzeug beeinflußt wird.

Das Absinken der mittleren Geschwindigkeiten beginnt naturgemäß bereits bei sehr
kleinen Verkehrsstärken, erfolgt aber zunächst langsam. Praktisch zählt man zum

freien Verkehr den ganzen Bereich, in dem das Absinken der mittleren Geschwindigkeiten in guter Näherung noch vernachlässigt werden kann; die Prinzipskizze in Abb.
II.40 illustriert das.

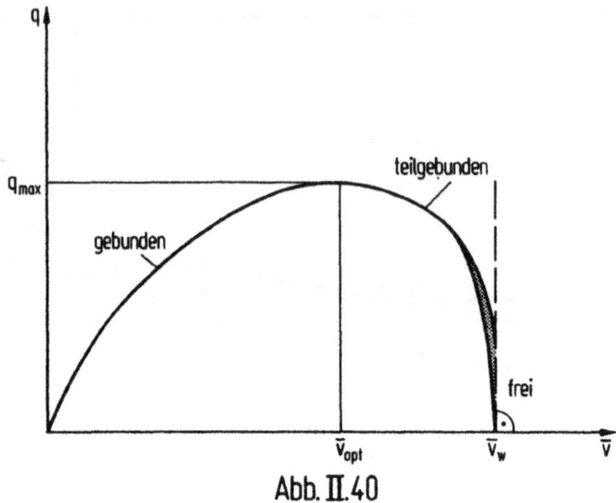

Abb. II.40

Auf jeden Fall geht für $\bar{v} \to \bar{v}_w$ ($\bar{v}_w$ = Mittelwert der Wunschgeschwindigkeiten)

$$\lim_{\bar{v}\to\bar{v}_w} \frac{d\bar{v}}{dq} \to 0 \qquad\qquad (II.92)$$

Sind überhaupt keine gewünschten Überholungen mehr möglich, fahren also alle Fahrzeuge in Kolonne (bzw. in Kolonnen: einzelne Langsamfahrer können eine Kolonne in
mehrere Kolonnen auflösen; die Langsamfahrer w o l l e n nicht überholen, die anderen k ö n n e n nicht überholen), spricht man von g e b u n d e n e m Verkehr.

Der Übergang vom teilgebundenen zum gebundenen Verkehr wird etwa dort angenommen,
wo die Kurve der Abb. II.40 ihr Maximum hat; dort gilt

$$\frac{dq}{d\bar{v}} = 0 \; . \qquad\qquad (II.93)$$

Die zugehörige mittlere Geschwindigkeit bezeichnet man mit $\bar{v}_{opt}$; es soll aber offen
bleiben, ob ein Verkehrsablauf bei maximaler Verkehrsstärke tatsächlich ein in jeder Hinsicht optimaler Verkehrsablauf ist.

Steigt die Verkehrsdichte weiter an (s. Abschn. II.2.5.3.2), sinken die Geschwindigkeiten so, daß die Verkehrsstärke wieder abnimmt. Stehen alle Fahrzeuge still,
ist definitionsgemäß q = 0.

Abb. II.41 zeigt den Zusammenhang zwischen q und $\bar{v}_m$ aus Beobachtungen in 1-Minuten-
Intervallen an einer Baustelle der Bundesautobahn Köln-Frankfurt.

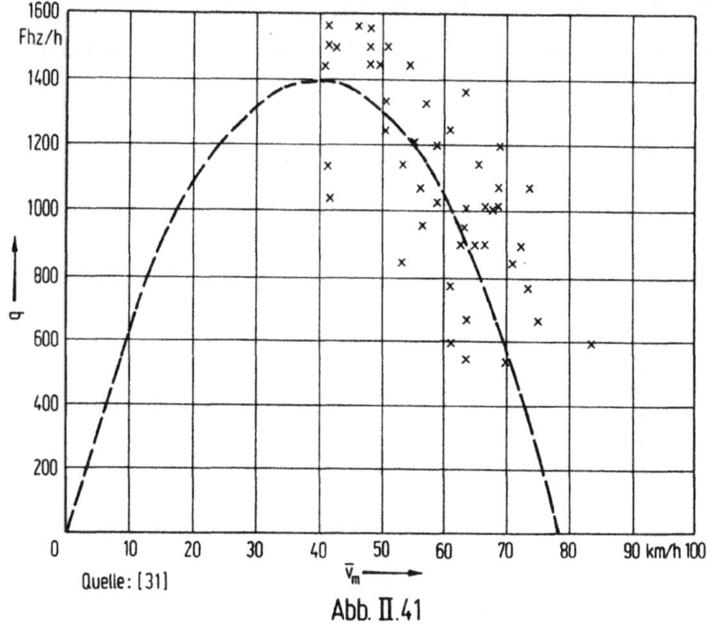

Abb. II.41

Wegen des stochastischen Charakters des Verkehrsablaufs streuen die Meßpunkte; die
Prinzipskizze der Abb. II.40 ist also nur eine Generalisierung. Die Streuung der
Punkte macht Messungen über den Zusammenhang zwischen q und $\bar{v}$, obwohl sie meßtech-
nisch besonders einfach durchzuführen sind, zur Bestimmung der maximalen Verkehrsstärke ziemlich ungeeignet.

2.5.3.2 Verkehrsdichte und Geschwindigkeit

Das Verhalten eines Fahrers wird in starkem Maße davon bestimmt, wieviele Fahrzeuge
er (vor allem vor sich) auf der Strecke sieht, und insbesondere von seinem Abstand
zum Vordermann. Sind a_i die (Brutto-) Abstände hintereinanderfahrender Fahrzeuge,
dann ist

$$k = \frac{1}{\bar{a}} \, . \tag{II.94}$$

Wie Beobachtungen zeigen, nimmt die mittlere Geschwindigkeit im Bereich des teilgebundenen und gebundenen Verkehrs mit zunehmender Verkehrsdichte ab (Abb. II.42).

Dort, wo der Verkehr als frei angesehen werden kann und wo nach Abschn. II.2.5.3.1
die mittlere Geschwindigkeit unabhängig (oder so gut wie unabhängig) von der Verkehrsbelastung ist, ist die mittlere Geschwindigkeit auch von der Verkehrsdichte
unabhängig. Auf jeden Fall geht für $k \to 0$

$$\lim_{k \to 0} \frac{d\bar{v}}{dk} \to 0 \, . \tag{II.95}$$

Steht die Kolonne ($\bar{v} = 0$), so ist $k = k_{max}$. Die maximale Verkehrsdichte hängt von

den Fahrzeuglängen und davon ab, wie dicht die Fahrzeuge im Stau auffahren. Für
Kraftfahrzeuge im Straßenverkehr mag $k_{max} \approx 150$ Fhz/km als grobe Richtzahl gelten.

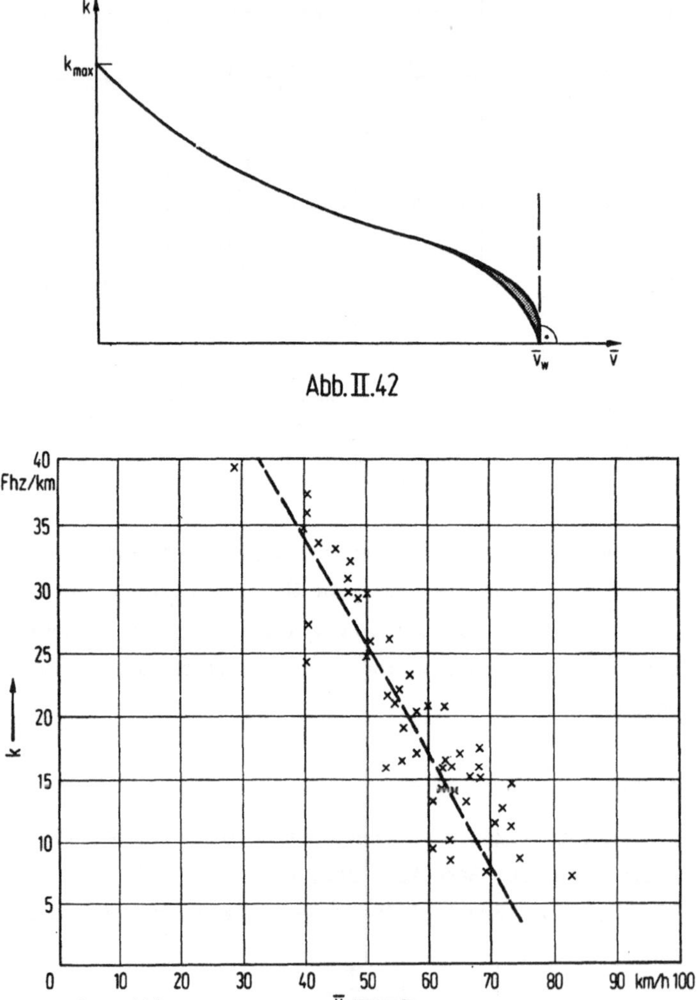

Abb. II.42

Abb. II.43

Abb. II.43 zeigt den Zusammenhang zwischen k und $\bar{v}_m$ aus der gleichen Beobachtung,
die Abb. II.41 zugrundeliegt. Offensichtlich streuen die Meßpunkte weniger stark
als in Abb. II.41. Aus diesem Grund dient der Zusammenhang zwischen k und $\bar{v}$ meist
als Grundlage für die Anfertigung des Fundamentaldiagramms, auch wenn aus meßtech-
nische Gründen q_i beobachtet und die k_i über $k_i = q_i \bar{w}_{1_i}$ errechnet werden.

$\bar{v}_{opt}$ zeichnet sich im Zusammenhang zwischen k und $\bar{v}$ nicht besonders aus, es sei
denn als Bereich einer Unstetigkeit, wenn man annimmt, daß für den Bereich des gebundenen Verkehrs andere Zusammenhänge gelten als für den Bereich des teilgebunde-

nen Verkehrs (Abb. II.44). Diese Frage ist noch nicht ausreichend geklärt.

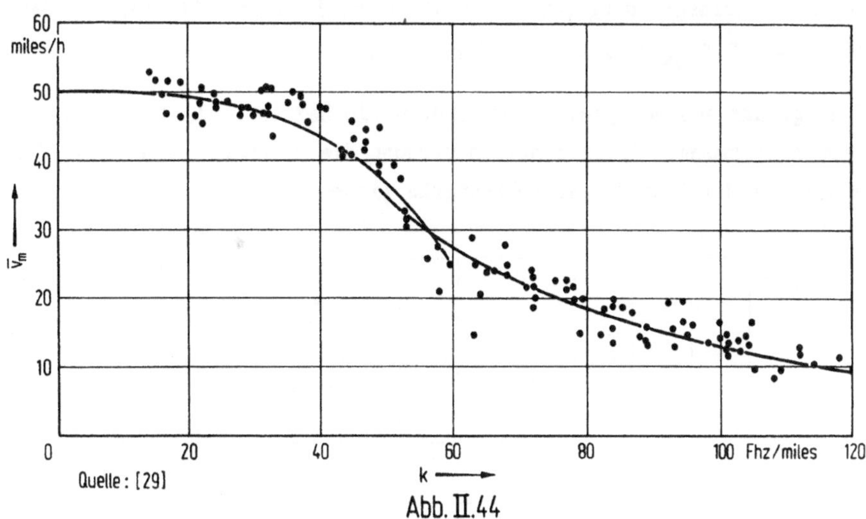

Abb. II.44

2.5.3.3 Verkehrsstärke und Verkehrsdichte; das Fundamentaldiagramm

Die graphische Darstellung des Zusammenhangs zwischen Verkehrsstärke und Verkehrsdichte nennt man F u n d a m e n t a l d i a g r a m m. Weil

$$\bar{v}_{m_i} = \frac{q_i}{k_i}$$

die Neigung eines Radiusvektors zu einem Punkt (q_i, k_i) bestimmt (Abb. II.45), illustriert das Fundamentaldiagramm den Zusammenhang zwischen allen drei Parametern q,
k und $\bar{v}_m$.

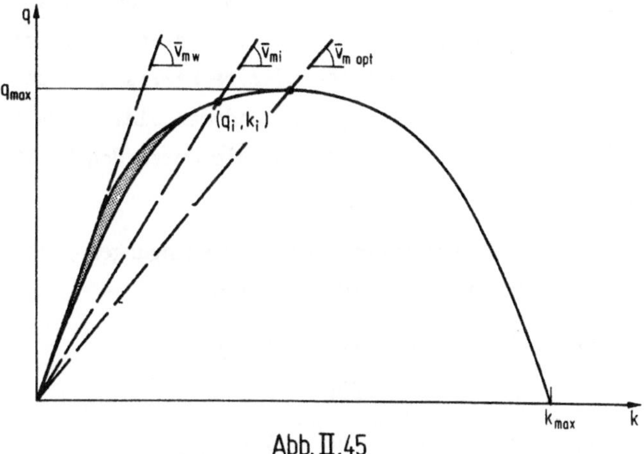

Abb. II.45

In dem Bereich, in dem der Verkehrsablauf als frei angesehen werden kann, folgt das Fundamentaldiagramm dem Radiusvektor $\bar{v}_{m_W}$; auf jeden Fall ist dieser Radiusvektor Tangente an das Fundamentaldiagramm im Koordinatennullpunkt. Die Neigung des Radiusvektors, auf dem q_{max} liegt, entspricht $\bar{v}_{m_{opt}}$.

Abb. II.46 zeigt das aus den gleichen Messungen wie bei Abb. II.41 und II.43 gewonnene Fundamentaldiagramm. Offensichtlich streuen die Meßpunkte umso mehr, je näher sie am vermutlichen Maximum der Verkehrsstärke liegen.

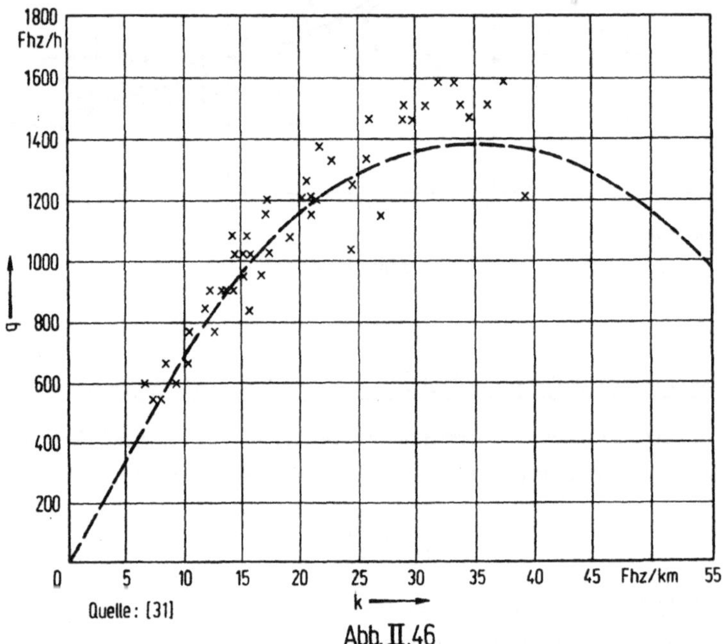

Abb. II.46

Weil eine Bestimmung von q_{max} aus Beobachtungswerten also schwierig ist, empfiehlt sich häufig die Konstruktion des Fundamentaldiagramms über den Zusammenhang zwischen k und $\bar{v}_m$ (Abschn. II.2.5.3.2). Gleicht man die relativ geringe Streuung der Punkteschar entsprechend Abb. II.43 graphisch oder rechnerisch durch eine oder mehrere Kurven aus, so läßt sich wegen $q = k\bar{v}_m$ das Fundamentaldiagramm punktweise konstruieren: zu jedem k_i ist q_i gleich der Fläche, die durch den Punkt $(k_i, \bar{v}_{m_i})$ bestimmt ist (Abb. II.47).

Ein Fundamentaldiagramm muß also folgenden fünf Randbedingungen genügen:

$$
\begin{aligned}
&1. \quad q = 0 \quad &\text{für} \quad k = 0 \\
&2. \quad q = 0 \quad &\text{für} \quad k = k_{max} \\
&3. \quad \bar{v}_m = \bar{v}_W \quad &\text{für} \quad k = 0 \\
&4. \quad \bar{v}_m = 0 \quad &\text{für} \quad k = k_{max} \\
&5. \quad \lim_{k \to 0} \frac{d\bar{v}_m}{dk} = 0 \quad \text{bzw.} \quad \lim_{k \to 0} \frac{dq}{dk} = \bar{v}_{m_W}
\end{aligned}
$$

(II.96)

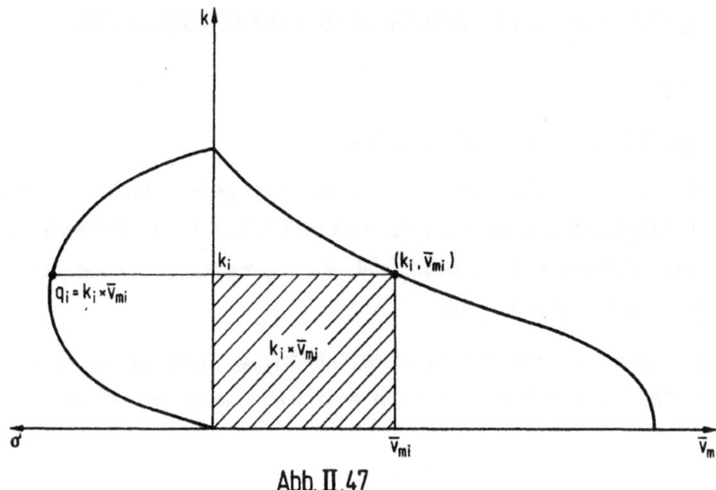

Abb. II.47

Anhand dieser Randbedingungen kann man überprüfen, inwieweit die in späteren Abschnitten zu behandelnden und aus theoretischen Modellvorstellungen hergeleiteten Beziehungen q = q(k) den Verkehrsablauf genügend genau beschreiben.

3. Beschreibung der Zustandsformen des Verkehrsablaufs

3.1 Der freie Verkehr

3.1.1 Parameter als Funktion von Zeit und Weg

Freier Verkehr ist definiert als ein Verkehr, bei dem jeder Fahrer seine Fahrweise
unbeeinflußt durch die Existenz anderer Fahrzeuge völlig frei wählen kann (vgl.
Abschn. II.2.5.3.1). Daraus ergibt sich, daß die Bewegungsprozesse der Zeit und
des Weges voneinander unabhängig sind.

Ist die Intensität $\lambda(x,t)$ an der Stelle x zeitabhängig, dann ist es auch die Konzentration. Wäre nämlich die Konzentration zeitunabhängig, so würde

$$\frac{\delta\kappa(x,t)}{\delta\kappa} = 0 \qquad\qquad \text{(II.97)}$$

sein. Differenziert man aber Gl. (II.55) nach der Zeit, so wird

$$\frac{\delta\kappa(x,t)}{\delta t} = \frac{\delta\lambda(x,t)}{\delta t} E_1[W(x,t)] + \frac{\delta E_1[W(x,t)]}{\delta t} \lambda(x,t) \qquad\qquad \text{(II.98)}$$

Die rechte Seite der Gleichung kann nur null werden, wenn zwischen der Intensität
und der mittleren Geschwindigkeit bzw. Langsamkeit eine funktionale Abhängigkeit
besteht (das aber widerspricht der Definition des freien Verkehrs (s. auch Abschn.
II.2.5.3.1)), oder wenn Intensität und Geschwindigkeit bzw. Langsamkeit auch zeitunabhängig sind.

In gleicher Weise folgt aus einer Wegabhängigkeit der Intensität auch eine Wegabhängigkeit der Konzentration. Sind $\lambda(x,t)$ und $\kappa(x,\tau)$ abhängig von Zeit und Weg,
nennt man den Verkehrsablauf i n s t a t i o n ä r   ü b e r   Z e i t   u n d   W e g.

In dem den Beispielen der Ringfahrbahn zugrundeliegenden Sonderfall sind Konzentration und Geschwindigkeiten und damit auch die Intensität zeitunabhängig. Ist aber
die Konzentration zeitunabhängig, dann muß die Intensität auch wegunabhängig sein,
wie sich aus der in Abschn. II.3.3.3.1 abzuleitenden Kontinuitätsgleichung

$$\frac{\delta\kappa(x,t)}{\delta t} + \frac{\delta\lambda(x,t)}{\delta x} = 0$$

ergibt. Konzentration und Geschwindigkeiten sind bei der Ringfahrbahn ebenfalls wegunabhängig.

Liegt solcherart der Fall r e i n e r S t a t i o n a r i t ä t (Stationarität über Zeit und Weg) vor, dann gilt

$$\lambda(x,t) = \lambda = \text{const}$$
$$\kappa(x,t) = \kappa = \text{const}$$
$$v(x,t) = v = \text{const} .$$

Ist die Geschwindigkeit wegabhängig und die Intensität wegunabhängig, muß wegen

$$\frac{d\lambda(x)}{dx} = \frac{d\kappa(x)}{dx} E_m[V(x)] + \frac{dE_m[V(x)]}{dx} \kappa(x) = 0$$

die Konzentration wegabhängig sein. Dann liegt nur S t a t i o n a r i t ä t
ü b e r d i e Z e i t vor:

$$\lambda(x,t) = \lambda = \text{const}$$
$$\kappa(x,t) = \kappa(x)$$
$$v(x,t) = v(x) .$$

Ist der Verkehrsablauf stationär über den Weg

$$\lambda(x,t) = \lambda(t)$$
$$\kappa(x,t) = \kappa(t)$$
$$v(x,t) = v(t) ,$$

ist wegen der Kontinuitätsgleichung (Abschn. II.3.3.3.1) die Konzentration auch unabhängig von der Zeit:

$$\kappa(t) = \kappa = \text{const} .$$

Dann ergibt sich aus den Gln. (II.97) und (II.98), daß auch die Intensität und die Langsamkeit (bzw. die Geschwindigkeit) unabhängig von der Zeit sein müssen (s.o.). Stationarität über den Weg ist also im freien Verkehr gleichbedeutend mit reiner Stationarität.

Zwischen den Parametern, die den freien Verkehr an verschiedenen Punkten der x-t-Ebene beschreiben, bestehen bestimmte Zusammenhänge. Zunächst ist es möglich, bei Kenntnis der Fahrzeitverteilung auf einer Strecke $(x, x+\Delta x)$ und der Intensität an der Stelle x den Erwartungswert der Menge von Fahrzeugen zu errechnen, die sich auf Δx befinden:

Ein Fahrzeug, das sich zum Zeitpunkt $t - r$ mit der Geschwindigkeit $v = \Delta x/r = \text{const}$ in x befindet, befindet sich zum Zeitpunkt t in $x + \Delta x$ (Abb. II.48). Ein Fahrzeug, das sich zum Zeitpunkt $t - r$ mit einer Geschwindigkeit $v_i < v$ bzw. mit einer Fahrzeit $r_i = \Delta x/v_i > r$ in x befindet, befindet sich dann zum Zeitpunkt t innerhalb des Intervalls Δx. (Fährt das Fahrzeug nicht mit konstanter, sondern mit wechselnder Geschwindigkeit, dann gelten die gleichen Überlegungen, wenn man die Reisegeschwindigkeit $\bar{v}_t$ bzw. $\hat{v}_t$ (vgl. Abschn. I.2.1) einsetzt.)

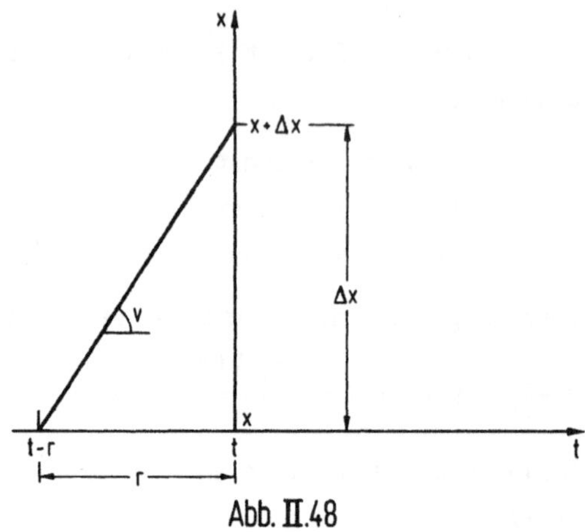

Abb. II.48

Die Wahrscheinlichkeit dafür, daß ein Fahrzeug im Intervall $(t-r,t-r+dr)$ ankommt, ist $\lambda_x(t - r)dr$. Sei $f(r,x,t)$ die Wahrscheinlichkeitsdichte der Fahrzeiten $r(x,t)$ und $F(r,x,t)$ deren Verteilungsfunktion, dann ist die Wahrscheinlichkeit, daß ein Fahrzeug eine Fahrzeit zwischen r und $r + dr$ benötigt,

$$f(r,x,t)dr = dF(r,x,t)$$

und die Wahrscheinlichkeit, daß es eine Fahrzeit $r(x,t) > r$ benötigt,

$$\int_r^\infty f(r',x,t)dr = \int_r^\infty dF(r',x,t) = 1 - \int_0^r dF(r',x,t) = 1 - F(r,x,t)$$

Die Wahrscheinlichkeit dafür, daß ein Fahrzeug im Intervall $(t-r,t-r+dr)$ ankommt u n d eine Fahrzeit $r(x,t) > r$ zum Durchfahren von Δx benötigt, ist dann

$$[\lambda_x(t - r)dr][1 - F(r,x,t - r)] . \qquad\qquad (II.99a)$$

Betrachtet man nicht nur das einzelne Zeitintervall $(t-r,t-r+dr)$, sondern alle möglichen Zeitintervalle, dann liefert die Integration von Gl. (II.99a) über alle r die zu erwartende Fahrzeugmenge auf Δx:

$$E[N(t,x,\Delta x)] = \int_0^\infty [1 - F(r,x,t - r)]\lambda_x(t - r)dr . \qquad\qquad (II.99b)$$

Ist der Verkehrsablauf unabhängig von der Zeit $(\lambda_x = const)$, so wird

$$E[N(x,\Delta x)] = \lambda_x \int_0^\infty [1 - F(r,x)]dr .$$

Weil der Erwartungswert der Zufallsvariablen r definiert ist zu

$$E(R) = \int_0^\infty rf(r,x)dr$$

und man durch partielle Integration dieses Erwartungswertes

$$E(R) = \int_0^\infty rf(r,x)dr = \int_0^\infty [1 - F(r,x)]dr$$

erhält, wird

$$E[N(x,\Delta x)] = \lambda_x E(R) \; . \tag{II.100}$$

Aus einer entsprechenden Herleitung wird

$$E[M(x,t,\Delta t)] = \int_0^\infty [1 - F(s,t,x - s)]\kappa_t(x - s)ds \tag{II.101}$$

mit s als dem Fahrweg. Für den Fall von Stationarität über den Weg ergibt sich die zu erwartende Fahrzeugmenge im Zeitintervall Δt zu

$$E[M(t,\Delta t)] = \kappa_t E(S) \; . \tag{II.102}$$

Kennt man die Größe des Parameters λ bzw. κ an einer Stelle x bzw. zu einem Zeitpunkt t, so kann man bei Kenntnis der Geschwindigkeitsverteilung oder der Reisezeitverteilung die Größe dieser Parameter an der Stelle $x + \Delta x$ bzw. zum Zeitpunkt $t + \Delta t$ berechnen: Es sei

$$g_1(v)dv = dG_1(v)$$

die Wahrscheinlichkeit für das Auftreten eines Fahrzeugs mit einer Geschwindigkeit zwischen v und v + dv an einer Stelle x. Dann ist

$$\lambda_x(t)dt dG_1(v)$$

die Wahrscheinlichkeit dafür, daß in einem Intervall (t,t+dt) ein Fahrzeug mit einer Geschwindigkeit zwischen v und v + dv bei x auftritt. Nimmt man an, das Fahrzeug fahre mit konstanter Geschwindigkeit, dann ist $r = \Delta x/v$, und es wird

$$\lambda_{x+\Delta x}(t) = \int_0^\infty \lambda_x(t - \tfrac{\Delta x}{v})dG_1(v,t - \tfrac{\Delta x}{v}) \; .$$

In entsprechender Weise erhält man

$$\kappa_{t+\Delta t}(x) = \int_0^\infty \kappa_t(x - vt)dG_m(v,x - vt) \; .$$

Setzt man bei beliebigem Geschwindigkeitsverlauf stattdessen wie oben Fahrzeiten r und Fahrwege s ein, so wird

$$\lambda_{x+\Delta x}(t) = \int_0^\infty \lambda_x(t - r)dF(r,x,t - r)$$

bzw.

$$\kappa_{t+\Delta t}(x) = \int_0^\infty \kappa_t(x - s)dF(s,t,x - s) \; .$$

Sind die Fahrzeiten zeitunabhängig, so wird

$$\lambda_{x+\Delta x}(t) = \int_0^\infty \lambda_x(t - r)dF(r,x) \; .$$

Sind die Fahrwege wegunabhängig, so wird

$$\kappa_{t+\Delta t}(x) = \int_0^\infty \kappa_t(x - s)dF(s,t)$$

3.1.2 Überholungen im freien Verkehr

Nach Definition ist freier Verkehr charakterisiert als ein Verkehrszustand, bei dem
alle gewünschten Überholungen jederzeit und an jeder Stelle möglich sind. Ist die
Verteilung der Fahrzeiten pro Wegstrecke $F(r,x,\Delta x,t)$ bzw. der Fahrwege pro Zeitintervall $F(s,t,\Delta t,x)$ bekannt, so läßt sich die Zahl der Überholungen berechnen (vgl.
Abb. II.49).

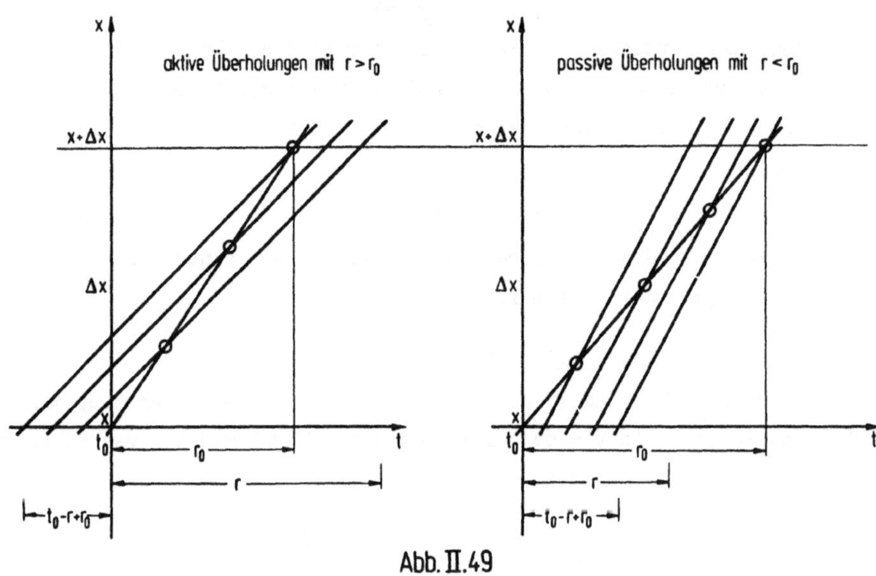

Abb. II.49

Nimmt man an, daß innerhalb der betrachteten x-t-Fläche je zwei Bewegungslinien
höchstens einen Schnittpunkt haben (das bedeutet, daß einer Überholung eines Fahrzeugs B durch ein Fahrzeug A nicht anschließend eine Überholung des Fahrzeugs A
durch Fahrzeug B folgt), so ist die Zahl der Überholungen eines Fahrzeugs mit der
Reisezeit r_0 gleich der Anzahl der Schnittpunkte seiner Bewegungslinie mit den anderen Bewegungslinien, wobei die Bewegungslinien als Geraden (entsprechend der Reisegeschwindigkeit des Fahrzeugs) angenommen werden können.

Ein Fahrzeug, das zum Zeitpunkt t_0 am Querschnitt x ankommt und für die Wegstrecke
$(x,x+\Delta x)$ die Fahrzeit r_0 benötigt, überholt während r_0 ebensoviele langsamere Fahrzeuge mit $r > r_0$, wie Fahrzeuge mit der Fahrzeit r vor ihm während (t_0-r+r_0,t) bei
x eingefahren sind (vgl. Abb. II.49). Das sind im Mittel gerade

$$\int_{t_0-r+r_0}^{t_0} \lambda_x(t)dtdF(r,x,\Delta x,t) \quad \text{Fhz} \ .$$

Für den allgemeinen Fall des freien Verkehrs (d.h. Instationarität des Verkehrsablaufes) führt die Berechnung der Überholungen zu recht unanschaulichen Formeln. Deshalb werden für die folgende Ableitung $F(r,x,\Delta x,t)$ und die Intensität λ als unabhängig von der Zeit angenommen (vgl. Abschn. II.3.1.1). Dann wird die Anzahl aktiver Überholungen eines Fahrzeugs mit r_0 (wobei gilt: $r > r_0$, d.h. die Reisezeiten r der überholten Fahrzeuge sind größer als die Reisezeit r_0 des betrachteten Fahrzeugs)

$$\int_{t_0-r+r_0}^{t_0} \lambda dF(r,x,\Delta x)dt = \lambda dF(r,x,\Delta x) \int_{t_0-r+r_0}^{t_0} dt = \lambda dF(r,x,\Delta x)(r - r_0) \qquad (II.103)$$

und die Anzahl passiver Überholungen eines Fahrzeugs mit r_0 (wobei gilt: $r < r_0$)

$$\int_{t_0}^{t_0-r+r_0} \lambda dF(r,x,\Delta x)dt = \lambda dF(r,x,\Delta x)(r_0 - r) \qquad (II.104)$$

(vgl. Abb. II.49). Daraus ergibt sich die Gesamtzahl aller aktiven und passiven Überholungen zu

$$E[\ddot{U}_a(r_0)] = \lambda \int_{r_0}^{\infty} (r - r_0)dF(r,x,\Delta x) \qquad (II.105)$$

bzw.

$$E[\ddot{U}_p(r_0)] = \lambda \int_{0}^{r_0} (r_0 - r)dF(r,x,\Delta x) \ . \qquad (II.106)$$

Die Langsamkeit w ist definiert als Zeitbedarf pro Wegstrecke (vgl. Abschn. I.1.4). Daraus ergibt sich für den vorliegenden Fall, daß sie eine lokale bzw. quasi-lokale Größe ist und daß die Verteilung der Fahrzeiten über diese Wegstrecke mit der Verteilung der Langsamkeiten identisch ist. Dann errechnet sich die Zahl der aktiven bzw. passiven Überholungen pro Streckeneinheit eines Fahrzeugs mit w_0 zu

$$E[\ddot{U}_a(w_0)] = \lambda \int_{w_0}^{\infty} (w - w_0)dG_1(w) \qquad (II.107)$$

bzw.

$$E[\ddot{U}_p(w_0)] = \lambda \int_{0}^{w_0} (w_0 - w)dG_1(w) \ . \qquad (II.108)$$

Analog erhält man aus der Verteilung der Fahrwege pro Zeitintervall die Anzahl der aktiven und passiven Überholungen pro Zeiteinheit eines Fahrzeugs mit v_0 zu

$$E[\ddot{U}_a(v_0)] = \kappa \int_{0}^{v_0} (v_0 - v)dG_m(v) \qquad (II.109)$$

bzw.

$$E[O_p(v_0)] = \kappa \int_{v_0}^{\infty} (v - v_0)dG_m(v) \, . \tag{II.110}$$

Die Gleichungen sind mit den Gln. (II.32) bzw. (II.33) in Abschn. II.2.3.3 identisch.

3.2 Der teilgebundene Verkehr

Einen Verkehrsablauf, bei dem nicht mehr alle Fahrzeuge jederzeit und an jeder Stelle frei überholen können, nennt man teilgebunden (vgl. Abschn. II.2.5.3.1). Seine mathematische Beschreibung ist schwierig und noch nicht vollständig gelöst. Die folgenden Ansätze mögen daher als Problemillustration verstanden werden.

Nach Abschn. II.2.1 kann $\kappa(x,t)dx$ unter bestimmten Voraussetzungen[+] interpretiert werden als die Wahrscheinlichkeit, mit der in einem beliebig kleinen Wegintervall $(x, x + \Delta x)$ zum Zeitpunkt t ein Fahrzeug zu erwarten ist. Ist $G(v_w)$ die Verteilungsfunktion der Wunschgeschwindigkeiten, mit denen die Fahrzeuge fahren würden, wenn der Verkehr frei wäre, so ist die Wahrscheinlichkeit, zu einem bestimmten Zeitpunkt auf einer Wegstrecke $(x, x + dx)$ ein Fahrzeug mit einer Wunschgeschwindigkeit zwischen v_w und $v_w + dv$ anzutreffen, gegeben durch

$$f_w(x,t,v_w)dxdv = \kappa(x,t)dxdG(v_w) \, . \tag{II.111}$$

Bei teilgebundenem Verkehr wird definitionsgemäß die Verteilung der tatsächlichen Geschwindigkeiten $G(v)$ von der Verteilung der Wunschgeschwindigkeiten $G(v_w)$ abweichen. Die Wahrscheinlichkeit, mit der ein Fahrzeug zu einem bestimmten Zeitpunkt auf einer Wegstrecke $(x, x + dx)$ mit einer Geschwindigkeit zwischen v und $v + dv$ zu erwarten ist, ergibt sich entsprechend Gl. (II.111) zu

$$f(x,t,v)dxdv = \kappa(x,t)dxdG(v) \, . \tag{II.112}$$

Unter Berücksichtigung der Definition der Konzentration in Abschn. II.2.1 gilt

$$\int_{v_w=0}^{\infty} f_w(x,t,v_w)dv = \int_{v=0}^{\infty} f(x,t,v)dv = \kappa(x,t) \int_{v=0}^{\infty} dG(v) = \kappa(x,t) \, . \tag{II.113}$$

Gefragt sei danach, wie sich f (also Konzentration und/oder Geschwindigkeit) mit der Zeit ändern. Diese Änderung $\delta f/\delta t$ kann aus drei Anteilen zusammengesetzt gedacht werden:

1. Betrachtet werden die Fahrzeuge mit Geschwindigkeiten zwischen v und $v + dv$. Wie aus Abb. II.50 hervorgeht, haben alle Fahrzeuge, die sich zum Zeitpunkt t im Wegintervall $(x - dx, x)$ befinden, zum Zeitpunkt $t + dt$ den Querschnitt x überquert. Das sind $f(x,t,v)dxdv$ Fahrzeuge. Also fließen (mit $dx = vdt$)

$$f(x,t,v)dxdv = vf(x,t,v)dtdv$$

[+] Ob diese Voraussetzungen hier zulässig sind, sei dahingestellt.

Fahrzeuge bei x während dt in das betrachtete Element ein. Entsprechend fließen

$$vf(x + dx,t,v)dtdv$$

Fahrzeuge am Querschnitt x + dx während dt aus dem Element wieder heraus.

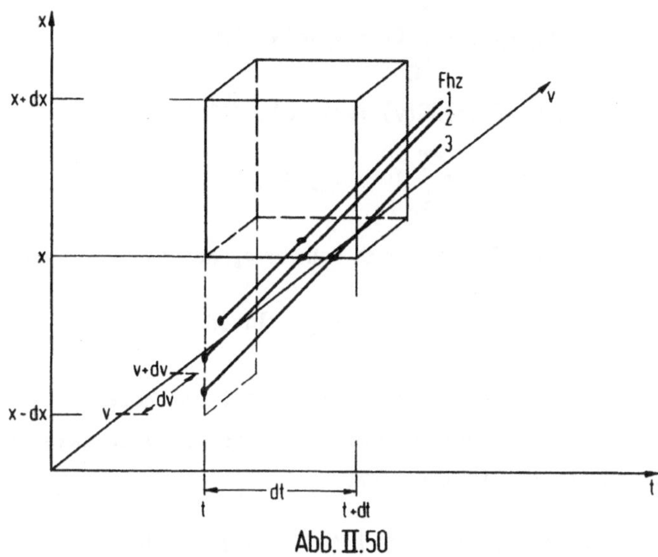

Abb. II.50

Folglich ist

$$\frac{\delta f}{\delta t}\, dtdxdv = vf(x,t,v)dtdv - vf(x + dx,t,v)dtdv$$

und daraus

$$\frac{\delta f}{\delta t} = -\,v\,\frac{f(x + dx,t,v) - f(x,t,v)}{dx}$$

$$\frac{\delta f}{\delta t} = -\,v\,\frac{\delta f(x,t,v)}{\delta x}\;. \qquad\qquad (II.114)$$

Wegen v = const bedeutet das eine Änderung der Konzentration: wie in Abschn.
II.3.3.3.1 ausführlich erläutert wird, ist aus Kontinuitätsgründen eine solche
Änderung der Konzentration über die Zeit nur möglich, wenn sich gleichzeitig die
Intensität über den Weg ändert. Deshalb sei der in Gl. (II.114) beschriebene An-
teil der Änderung mit $\delta f/\delta t_{kont}$ bezeichnet (kont = Kontinuumstheorie).

2. Wenn Fahrzeuge durch die Existenz anderer langsamerer Fahrzeuge an der Beibehaltung ihrer Wunschgeschwindigkeit, d.h. am Überholen, gehindert werden, sei das als
Wechselwirkung bezeichnet. Die erwartete Zahl von Fahrzeugen, die mit einem Fahrzeug der Geschwindigkeit v_0 dergestalt in Wechselwirkung treten, ist gleich dem
Produkt aus der Zahl der Fahrzeuge mit $v > v_0$ und der Wahrscheinlichkeit [1 - P],
nicht überholen zu können. Die Überholwahrscheinlichkeit P ist ihrerseits eine
Funktion der Verkehrsbelastung, bei Verkehrswegen mit Gegenverkehr der Richtungs-
anteile des Verkehrs, der Streckencharakteristik (z.B. mangelnde Überholsichtweite)

usw.. Sie sei im Rahmen der hier nur beabsichtigten Illustration vereinfacht als
konstant angenommen.

Bei nicht zu großen Veränderungen von $\kappa(x,t)$ gilt näherungsweise für die Zahl der
Fahrzeuge mit $v > v_0$ (vgl. Gl. (II.110))

$$E[U_p(v_0)] = \int_{v_0}^{\infty} (v - v_0)\kappa(x,t)dG_m(v) \ .$$

Daraus wird mit $f(x,t,v)dv = \kappa(x,t)dG(v)$ (vgl. Gl. (II.112))

$$E[U_p(v_0)] = \int_{v_0}^{\infty} (v - v_0)f(x,t,v)dv \ .$$

Insgesamt treten also während dt mit einem Fahrzeug, das mit v_0 fährt,

$$[1 - P][\int_{v_0}^{\infty} (v - v_0)f(x,t,v)dv]dt$$

Fahrzeuge in Wechselwirkung (sie können es also nicht überholen). Weil sich bei t
auf dx insgesamt $f(x,t,v_0)dxdv$ Fahrzeuge mit Geschwindigkeiten zwischen v_0 und
$v_0 + dv$ befinden, verursachen sie insgesamt

$$[1 - P]f(x,t,v_0)dxdvdt \int_{v_0}^{\infty} (v - v_0)f(x,t,v)dv \qquad (II.115)$$

Wechselwirkungen (verhinderte passive Überholungen). Die Teilmenge der mit v_0 im betrachteten Element (dt,dx,dv) befindlichen Fahrzeuge $f(x,t,v_0)dtdxdv$ wird also pro
Zeiteinheit um die Zahl von Fahrzeugen mit einer vorherigen Geschwindigkeit $v > v_0$
vergrößert, die während dt auf dx nicht überholen können:

$$\frac{\delta f^+}{\delta t_{ww}} dxdtdv = [1-P]f(x,t,v_0)dtdxdv \int_{v_0}^{\infty} (v - v_0)f(x,t,v)dv \ . \qquad (II.116)$$

Nun verhindern Fahrzeuge mit v_0 nicht nur passive Überholungen; sie werden auch selbst
durch Fahrzeuge mit $v < v_0$ an aktiven Überholungen gehindert. Die Wahrscheinlichkeit dafür sei wieder zu $[1 - P]$ angenommen. Weil dadurch ihre Geschwindigkeit auf
$v < v_0$ reduziert wird, fallen sie aus der Teilmenge der mit v_0 fahrenden Fahrzeuge
heraus. Demnach ist analog zu Gl. (II.116)

$$\frac{\delta f^-}{\delta t_{ww}} dxdtdv = [1-P]f(x,t,v_0)dtdxdv \int_{0}^{v_0} (v_0 - v)f(x,t,v)dv \ .$$

Die gesamte Änderung der im Element (dx,dv) während dt zu erwartenden Fahrzeuge ergibt sich also zu

$$\frac{\delta f}{\delta t_{ww}} = \frac{\delta f^+}{\delta t_{ww}} - \frac{\delta f^-}{\delta t_{ww}} = [1-P]f(x,t,v_0)[\int_{v_0}^{\infty} (v - v_0)f(x,t,v)dv - \int_{0}^{v_0} (v_0 - v)f(x,t,v)dv]$$

$$= [1-P]f(x,t,v_0) \int_{0}^{\infty} (v - v_0)f(x,t,v)dv \qquad (II.117)$$

Mit Gl. (II.112) wird

$$\int_0^\infty vf(x,t,v)dv$$

zu

$$\int_0^\infty v\kappa(x,t)dG(v)$$

und nach Abschn. II.2.5.1 wird daraus

$$\kappa(x,t) \int_0^\infty vdG(v) = \kappa(x,t)E[V(x,t)] \ .$$

Außerdem gilt nach Gl. (II.113)

$$\int_0^\infty f(x,t,v)dv = \kappa(x,t) \ .$$

Damit kann Gl. (II.117) umgeformt werden, und es wird die gesamte zeitliche Änderung der Teilmenge der Fahrzeuge mit v_0 infolge des Wechselwirkungsprozesses zu

$$\frac{\delta f}{\delta t_{ww}} = [1 - P]f(x,t,v_0)\kappa(x,t)[E[V(x,t)] - v_0] \ . \tag{II.118}$$

Die so entwickelte Formel geht davon aus, daß Geschwindigkeitsänderungen von $v > v_0$ bzw. von v_0 auf $v < v_0$ plötzlich geschehen; sie berücksichtigt also keinen Zeitbedarf für Geschwindigkeitsänderungen. Außerdem berücksichtigt sie nicht, daß verhinderte Überholungen zu Warteschlangen wechselnder Länge führen, die ihrerseits natürlich Ort und Zeitpunkt der Wechselwirkung beeinflussen. Realistischere Ergebnisse würde man wahrscheinlich erhalten, wenn man den Wechselwirkungsprozeß als ein Warteschlangenproblem mit sich in der x-t-Ebene bewegenden Bedienungsschaltern behandelt; Bedienungszeiten wären dann die Zeiten, während denen die Fahrzeuge mit $v < v_0$ zu fahren gezwungen sind.

3. Fahrzeuge, die an Überholungen gehindert werden und daher ihre Geschwindigkeit reduzieren mußten, werden so bald wie möglich ihre Wunschgeschwindigkeit wieder einzunehmen suchen (die Warteschlangen lösen sich auf). Dazu mögen sie im Durchschnitt eine Zeit T benötigen. Es werde vereinfacht angenommen, daß daraus eine zeitliche Änderung

$$\frac{\delta f}{\delta t_A} = - \frac{f(x,t,v) - f_w(x,t,v_w)}{T} \tag{II.119}$$

resultiert (A = Auflösung): das ist gleichbedeutend mit einem zeitlichen Verlauf der Annäherung von f an f_w in Form einer Exponentialfunktion.

Das negative Vorzeichen in Gl. (II.119) rührt wie beim Wechselwirkungsprozeß daher, daß die beschleunigenden Fahrzeuge die Teilmenge der mit v_0 fahrenden Fahrzeuge wieder verlassen (das Fahrzeug an der Spitze fährt freiwillig mit der Geschwindigkeit v_0 ($v_0 = v_w$); für die nachfolgenden Fahrzeuge war v_0 erzwungen: $v_0 < v_w$).

Die hier getroffenen Annahmen sind mehr als grob. Sicher werden die Auflösungszeiten zufällig verteilt sein, wobei die Verteilungsfunktion vom Temperament des Fahrers, von der in der Warteschlange verbrachten Zeit, von der Beschleunigungsreserve des Fahrzeugs usw. abhängt. Weil hierzu nähere Angaben bisher fehlen, möge der Ansatz zur Illustration genügen.

Mit den Gln. (II.114), (II.118) und (II.119) wird die zeitliche Änderung von f insgesamt zu

$$\frac{\delta f}{\delta t} = \frac{\delta f}{\delta t_{kont}} + \frac{\delta f}{\delta t_{ww}} + \frac{\delta f}{\delta t_A}$$

$$= - v \frac{\delta f(x,t,v)}{\delta x} + [1 - P]f(x,t,v_0)\kappa(x,t)[E[V(x,t)] - v_0] - \frac{f(x,t,v) - f_w(x,t,v_w)}{T} \,.$$

$$\text{(II.120)}$$

Daraus ergibt sich

$$\frac{\delta f(x,t,v)}{\delta t} + v \frac{\delta f(x,t,v)}{\delta x}$$

$$= [1 - P]f(x,t,v_0)\kappa(x,t)[E[V(x,t)] - v_0] - \frac{f(x,t,v) - f_w(x,t,v_w)}{T} \qquad \text{(II.121)}$$

Diese Betrachtungseise hat gewisse Ähnlichkeit mit der Boltzmann-Gleichung der kinetischen Gastheorie.

Ist ein Auflösungsprozeß nicht mehr möglich, fahren also alle Fahrzeuge in Kolonne, weil keine Überholmöglichkeit mehr besteht, geht der teilgebundene Verkehr in gebundenen Verkehr über.

3.3 Der Kolonnenverkehr

Wenn im folgenden von Kolonnenverkehr gesprochen wird, so ist damit der Teil des teilgebundenen Verkehrs (bzw. im Grenzfall der gebundene Verkehr) gemeint, der in Kolonne fährt.

Eine Fahrzeug r e i h e bilden zwei oder mehr Fahrzeuge, die sich in einer Fahrspur (oder auf einem Gleis o.ä.) hintereinander befinden. Eine K o l o n n e ist ein Teil aufeinanderfolgender Fahrzeuge einer Fahrzeugreihe, von denen jedes außer dem ersten in seinem Geschwindigkeitsverhalten durch ein vorausfahrendes Fahrzeug beeinflußt wird. Demnach bilden auch schon zwei Fahrzeuge, die so dicht aufeinander folgen, daß das folgende Fahrzeug vom vorausfahrenden beeinflußt wird, eine Kolonne.

Kolonnen können als sich bewegende Warteschlangen aufgefaßt werden (s. Abschn. II.3.2). Will man zwischen dem die Kolonne anführenden (unbehinderten) Fahrzeug und den nachfolgenden (behinderten) Fahrzeugen unterscheiden, kann man die behinderten Fahrzeuge einer Kolonne als Fahrzeug s c h l a n g e bezeichnen.

3.3.1 Deterministische Abstandsmodelle

Deterministische Abstandsmodelle versuchen, das Abstandsverhalten mit Hilfe kinema-
tischer Bewegungsgrößen (Geschwindigkeit, Bremsverzögerung usw.) zu beschreiben.
Ihr Vorzug liegt darin, daß sie verhältnismäßig leicht zu handhaben sind, ihr Nach-
teil in den notwendigen Vereinfachungen beim Modellaufbau, insbesondere im Hinblick
auf den dem Abstandhalten zugrundeliegenden Wahrnehmungs- und Reaktionsprozeß.

3.3.1.1 Konstanter Abstand

Es werde angenommen

a) alle Fahrzeuge fahren mit jeweils gleicher Geschwindigkeit v,

b) alle Fahrzeuge sind gleich lang (l_f = const) und

c) alle Fahrzeuge halten den gleichen (von der Geschwindigkeit unabhängigen) konstanten Abstand (Nettoabstand) $a = \Delta x - l_f$ = const (vgl. Abb. II.51).

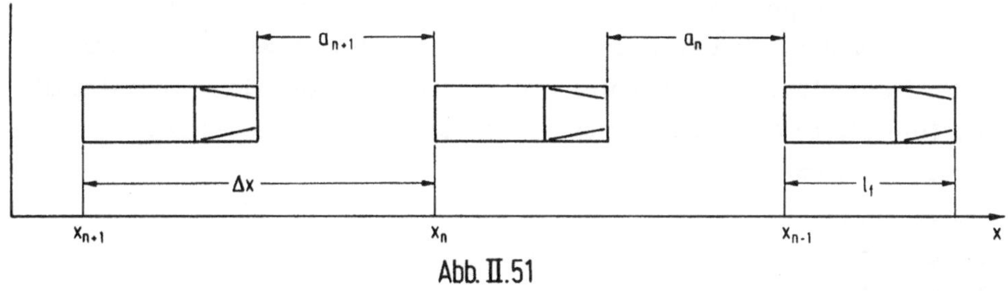

Abb. II.51

Die Modellannahmen lassen sich illustrieren an einem Förderband, auf das in gleichen
Abständen z.B. Ziegelsteine gelegt werden und das sich mit verschiedenen Geschwindigkeiten bewegen kann. Dann ist

$$k = \frac{1}{\Delta x} \qquad (II.122)$$

und (vgl. Abschn. II.2.5.1)

$$q = vk = \frac{v}{\Delta x} \qquad (II.123)$$

Danach würde die Verkehrsstärke (im Illustrationsbeispiel: die Zahl der pro Zeiteinheit am Ende des Förderbandes ankommenden Ziegelsteine) mit zunehmender Geschwindigkeit linear anwachsen[+] (Abb. II.52). Eine solche Modellannahme ist nicht nur wegen der Annahme gleicher Geschwindigkeiten, sondern insbesondere wegen der Annahme,
die Abstände seien von der Geschwindigkeit unabhängig, irreal.

[+] Vor dem Hintergrund dieser Modellvorstellung wird manchmal argumentiert, Geschwin-
digkeitsbegrenzungen müßten zwangsläufig die Leistungsfähigkeit von Straßen reduzieren.

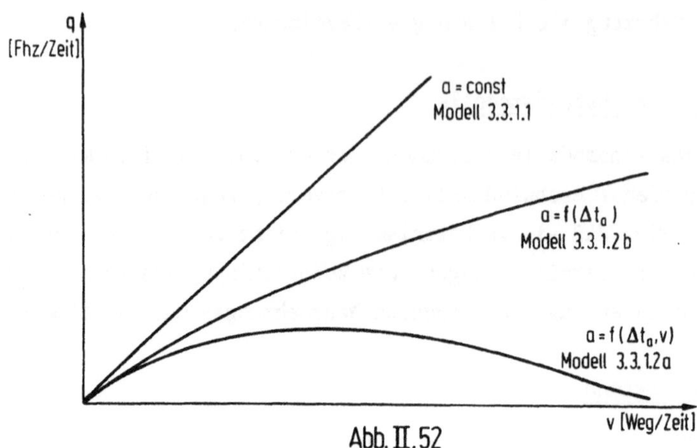

Abb. II.52

3.3.1.2 Abstand als Funktion der Geschwindigkeit

Eine verbesserte Modellvorstellung geht davon aus, daß aus Sicherheitsgründen die Abstände a bzw. Δx so groß sein müssen, daß ein Fahrzeug auch dann noch ohne Auffahrunfall bis zum Halt abbremsen kann, wenn das vorausfahrende Fahrzeug aus welchen Gründen immer plötzlich stehenbleibt (Modell des absolut sicheren Abstands). Der dazu erforderliche Abstand Δx, auch als virtuelle Wagenlänge bezeichnet, setzt sich zusammen aus (Abb. II.53)

a) der Fahrzeuglänge l_f,

b) dem in der Auswirkzeit zurückgelegten Weg l_a,

c) dem Bremsweg l_b und

d) dem Sicherheitsabstand (beim Stillstand) l_s.

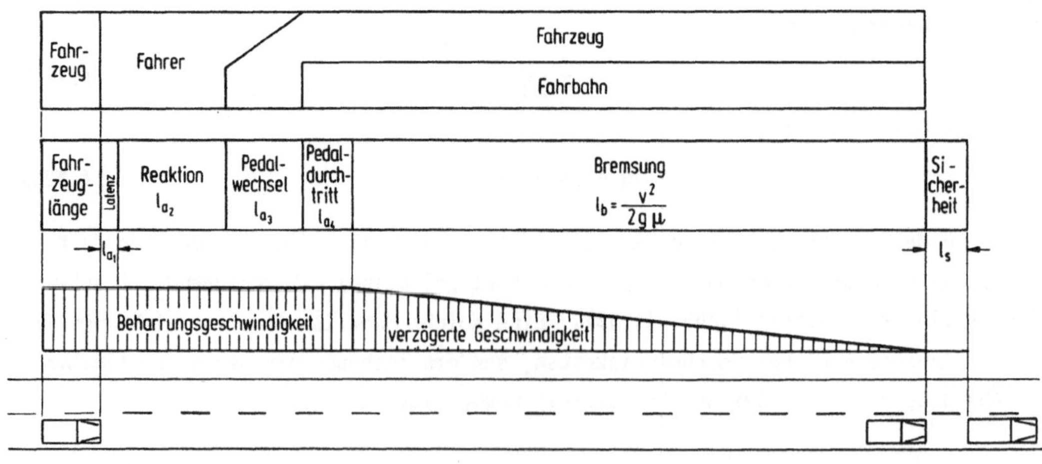

Quelle: [43]

Abb. II.53

Die Auswirkzeit Δt_a ist die Zeit, die vom Auftreten eines Hindernisses bis zum Beginn des Bremsvorgangs verstreicht und besteht aus

a) der Wahrnehmungszeit; das ist die Zeit, die der Fahrer braucht, um das Hindernis zu erkennen,

b) der Reaktionszeit; das ist die Zeit, die der Fahrer bis zum Beginn seiner Reaktion benötigt,

c) der Zeit für den Pedalwechsel und

d) der Zeit für den Pedaldurchtritt.

Die beiden letzten Anteile sind sowohl vom Fahrer als auch von der Konstruktion des Fahrzeugs abhängig. Da während der Auswirkzeit die Geschwindigkeit nahezu konstant ist, kann gelten: $l_a = \Delta t_a v$. Der Bremsweg l_b (vom Beginn der Bremsung bis zum Stillstand des Kraftfahrzeugs) hängt von Geschwindigkeit, Fahrbahn und Fahrzeug ab. Er läßt sich für eine ebene Fahrbahn nach der Formel

$$l_b = \frac{Gv^2}{2G_b g\mu}$$

berechnen, wenn man μ als konstant annimmt.

$\qquad G$ = Fahrzeuggewicht,

$\qquad G_b$ = Gewicht auf den gebremsten Achsen,

$\qquad \mu$ = Kraftschlußbeiwert zwischen Reifen und Fahrbahn. (Wie Abb. II.54 zeigt, ist in Wirklichkeit auch μ eine Funktion von v.)

Im allgemeinen gilt $G = G_b$ und es wird

$$l_b = \frac{v^2}{2g\mu} \; .$$

Es ist also $\Delta x = l_f + l_a + l_b + l_s$.

Neben dem Modell des absolut sicheren Abstands (im weiteren mit Modell a) bezeichnet), ist auch folgende Modellvorstellung möglich:
Nimmt man an, daß beide Fahrzeuge mit annähernd derselben Geschwindigkeit einander folgen, wie es bei hohen Verkehrsdichten häufig der Fall ist, so haben sie (abgesehen von fahrzeugbedingten Unterschieden) nahezu denselben Bremsweg. Bremst das erste Fahrzeug, so ist als Abstand nur die Strecke zu berücksichtigen, die das zweite Fahrzeug während der Auswirkzeit mit unverminderter Geschwindigkeit zurücklegt (Modell des r e l a t i v sicheren Abstands, im folgenden Modell b) genannt).

Modell a):
Bei voller Berücksichtigung des Bremsweges ergibt sich der Abstand zu

$$\Delta x = l_f + l_a + l_b + l_s = l_f + \Delta t_a v + \frac{v^2}{2g\mu} + l_s$$

Dabei können die beiden Werte l_f und l_s zusammengefaßt werden:

$$\Delta x = \Delta t_a v + \frac{v^2}{2g\mu} + l_{sf} \; .$$

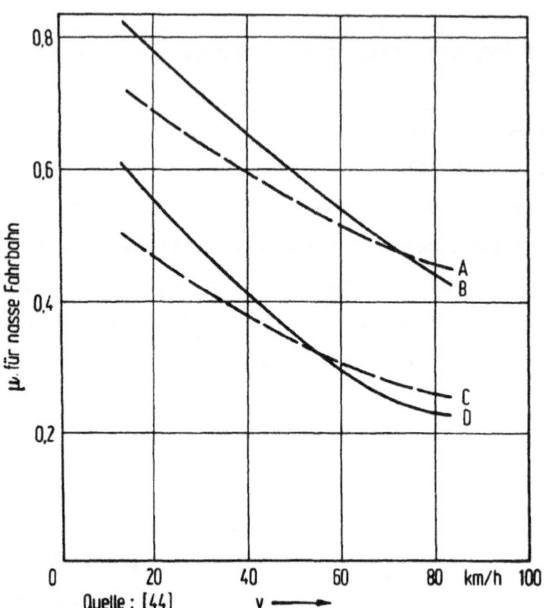

A Gut griffige Decke mit rauher, offener Oberflächentextur
B Gut griffige Decke mit Oberfläche mit geschlossenem Gefüge
C Nicht ausreichend griffige Decke mit rauher, offener Oberflächentextur
D Nicht ausreichend griffige Decke mit Oberfläche mit geschlossenem Gefüge

Abb. II.54

Trägt man die nach Modell a) errechnete Verkehrsstärke als Funktion der Geschwindigkeit auf, so erhält man eine Kurve mit einem Maximum (Abb. II.52). Es gibt danach
also eine Geschwindigkeit, bei der eine maximale Anzahl von Fahrzeugen einen Straßenquerschnitt überqueren kann; diese Geschwindigkeit werde v_{opt} genannt (vgl. Abb.
II.45).

Führt man in Gl. (II.123) statt der Verkehrsdichte k unter der Annahme, daß alle
Fahrzeuge mit gleichem von der Geschwindigkeit abhängigen Abstand fahren, den Ausdruck

$$\Delta x = l_{sf} + \Delta t_a v + \frac{v^2}{2\mu g}$$

ein, so erhält man

$$q = \frac{v}{l_{sf} + \Delta t_a v + \frac{v^2}{2\mu g}} \; .$$

Dann errechnet sich die mittlere Zeitlücke $\bar{z}$ zu

$$\bar{z} = \frac{1}{q} = \frac{l_{sf}}{v} + \Delta t_a + \frac{v}{2\mu g} \; ;$$

$\bar{z}_{min}$ entspricht q_{max}:

$$\frac{d\bar{z}}{dv} = l_{sf}(-\frac{1}{v^2}) + \frac{1}{2\mu g} \cdot$$

$d\bar{z}/dv = 0$ ergibt v_{opt} und $\bar{z}_{min}$:

$$v_{opt} = \sqrt{2\mu g l_{sf}} \cdot$$

$$\bar{z}_{min} = \Delta t_a + 2\sqrt{\frac{l_{sf}}{2\mu g}} \cdot$$

Die optimale Geschwindigkeit wird also nicht von Δt_a beeinflußt, sondern vom Kraft-schlußbeiwert und von l_{sf}.

Modell b):

Wird für das nachfolgende Fahrzeug kein Bremsweg, sondern nur die während der Aus-wirkzeit zurückgelegte Strecke berücksichtigt, so ist

$$\Delta x = \Delta t_a v + l_{sf} \cdot$$

Wie Abb. II.52 zeigt, hat hierfür $q = q(v)$ im Bereich endlicher Geschwindigkeiten kein Maximum.

Modell a) läßt sich durch die Annahme erweitern, daß der Kraftschlußbeiwert des nachfolgenden Fahrzeugs eine Funktion der Geschwindigkeit ist (vgl. Abb. II.54). Dann gilt:

$$\Delta x = \Delta t_a v + \frac{v^2}{2g\mu(v)} + l_{sf} \cdot$$

Erweitert man Modell b) dahingehend, daß die Bremswege der beiden betrachteten Fahr-zeuge wegen unterschiedlicher Kraftschlußbeiwerte bei gleicher Geschwindigkeit un-terschiedlich sind, so wird:

$$\Delta x = \Delta t_a v + \frac{v^2}{2g}(\frac{1}{\mu_1} - \frac{1}{\mu_2}) + l_{sf} \cdot$$

Diese Erweiterung von Modell b) führt zu einem Maximum von $q(v)$.
Durch Beobachtung ermittelte Abstandswerte führen meist zu Ausdrücken der Art:

$$\Delta x = cv^n + l_{sf} \cdot$$

3.3.1.3 Abstandsschwankungen (Fahrzeugfolgemodelle)

Auch die Annahme eines zwar von der Geschwindigkeit abhängigen, für eine bestimmte Geschwindigkeit aber konstanten Abstands ist noch irreal. Weder läßt sich der er-forderliche Abstand genau schätzen, noch läßt er sich, ließe er sich genügend ge-nau bestimmen, genau einhalten: In Wirklichkeit folgen Fahrzeugführer vorausfah-

renden Fahrzeugen, indem sie versuchen, ihre eigene Fahrweise der des Vorausfahrenden ständig anzupassen (s. dazu auch Abschn. II.3.3.2). Das geschieht, bedingt
durch den Prozeß des Wahrnehmens und Reagierens, durch Verzögern oder Beschleunigen nach einer Zeit T. Dieser Prozeß ähnelt also einem Regelkreis, in dem Schwingungen auftreten können. Die Schwingungen können zu Instabilitäten (und damit zur
Gefahr von Kollisionen) führen.

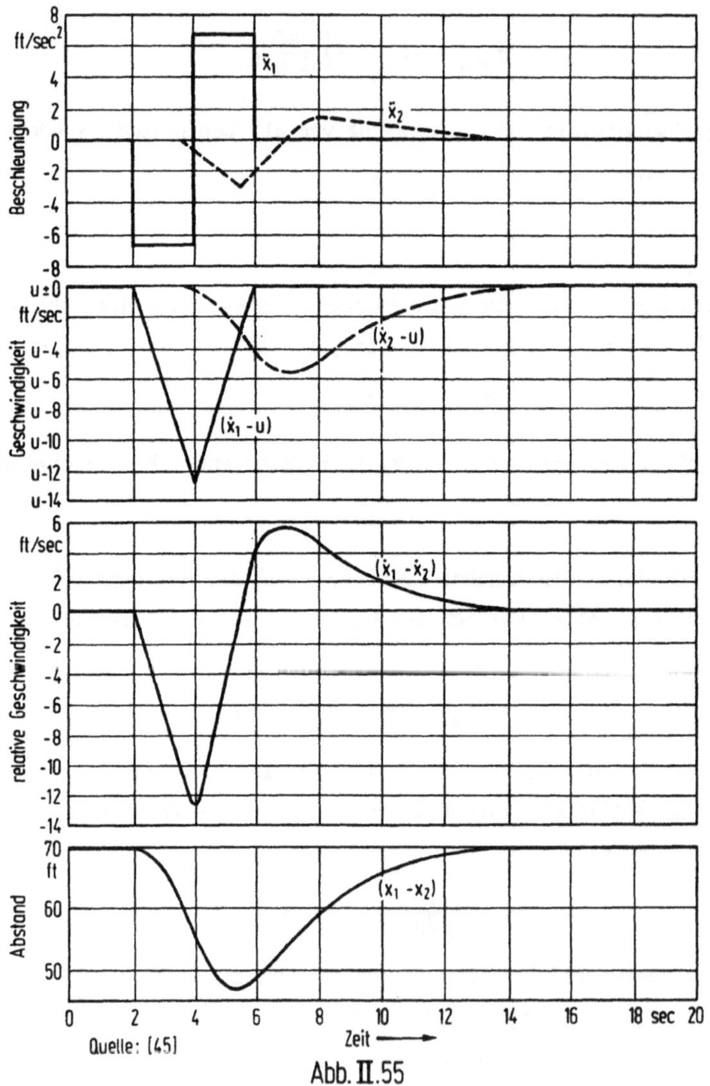

Abb. II.55

L o k a l   i n s t a b i l nennt man einen Folgevorgang, wenn die Störung (das
ist die Änderung des Abstands des nachfolgenden Fahrzeugs als Folge einer Geschwin-
digkeitsänderung des vorausfahrenden Fahrzeugs) nicht abklingt, sondern zunimmt
(Abb. II.55 und II.56), a s y m p t o t i s c h   i n s t a b i l, wenn sich diese
Störungen beim Fortpflanzen durch die Kolonne aufschaukeln (Abb. II.57 und II.58).

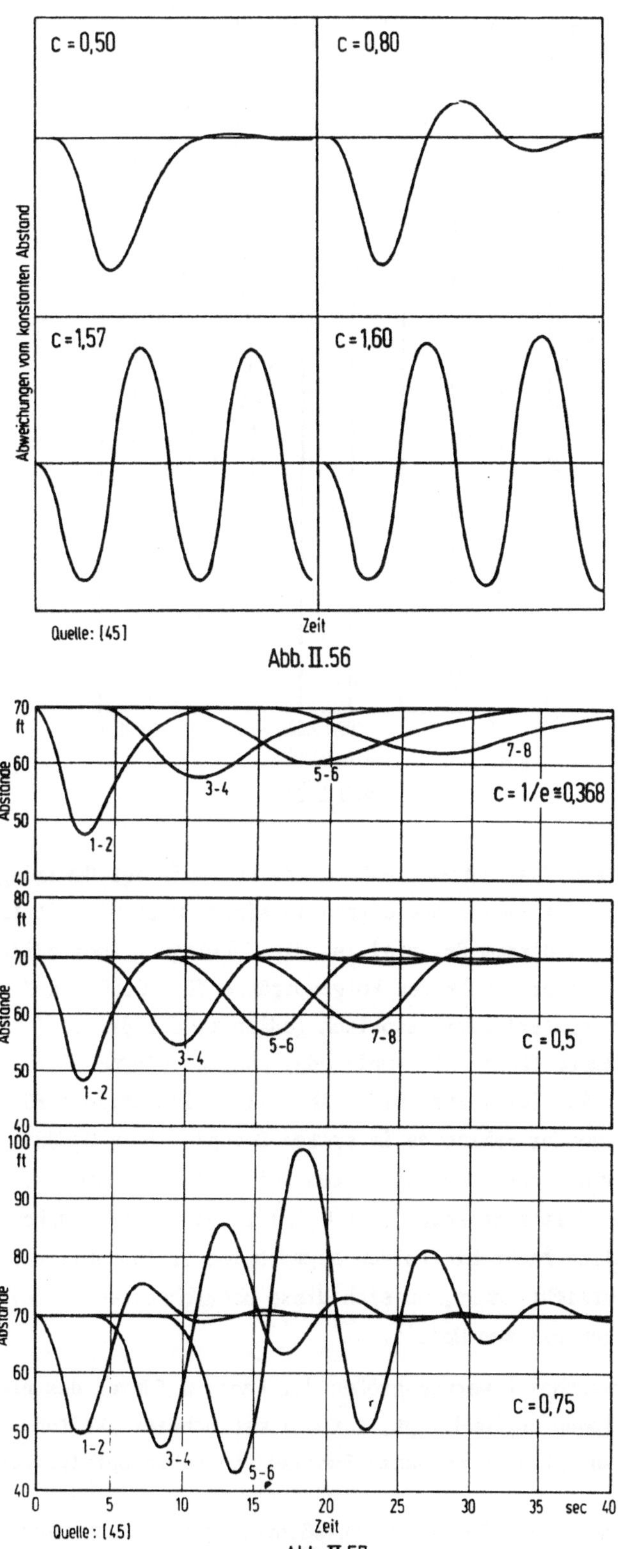

Abb. II.56

Abb. II.57

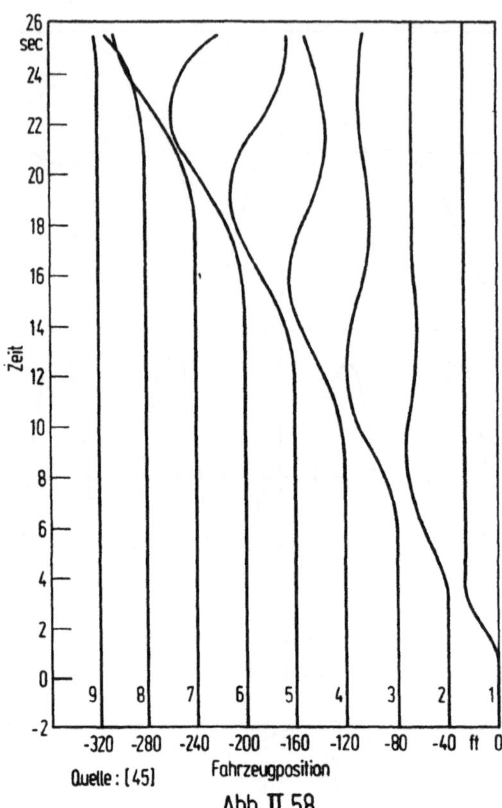

Abb. II.58

Abb. II.55 illustriert das Phänomen anhand des Verlaufs der Bewegungsgrößen zweier
Fahrzeuge, von denen das zweite dem ersten in einer durch Gl. (II.124) beschreib-
baren Weise folgt. In diesem Beispiel ist die Schwingung aperiodisch gedämpft.
In Abb. II.56 sind die ersten beiden Folgevorgänge (C = 0,50 und C = 0,80; die Er-
klärung von C folgt später) oszillatorisch gedämpft, der dritte (C = 1,57) ist oszillatorisch ungedämpft (konstante Amplitude) und der vierte (C = 1,60) oszillatorisch angefacht; er ist lokal instabil. Abb. II.57 illustriert für eine Kolonne
acht aufeinanderfolgender Fahrzeuge im ersten Beispiel (C = 0,368) asymptotische
Stabilität mit aperiodischer und im zweiten Beispiel (C = 0,50) mit oszillatori-
scher Dämpfung; das dritte Beispiel (C = 0,75) zeigt asymptotische Instabilität.
Abb. II.58 schließlich macht die Folgen asymptotischer Instabilität am Verlauf der
Bewegungslinien deutlich: dort, wo sich diese überschneiden, erfolgen Kollisionen
oder Gefahrbremsungen bis zum Halt[+].

Welche Änderungen welcher Bewegungsgrößen der Fahrzeugführer des nachfolgenden Fahrzeugs seinen Reaktionen zugrundelegt, ist nur mit Schwierigkeiten festzustellen.
Es ist in der Vergangenheit eine ganze Familie von Fahrzeugfolgemodellen untersucht

---

[+]Solche Gefahrbremsungen erklären im Straßenverkehr den sogenannten "Stau aus dem
Nichts".

worden, die sich folgendermaßen zusammenfassen läßt:

$$\ddot{x}_{n+1}(t + T) = \alpha[\dot{x}_n(t) - \dot{x}_{n+1}(t)] \qquad (II.124)$$

oder, mit

$$\alpha = \frac{c\dot{x}_{n+1}^m(t + T)}{[x_n(t) - x_{n+1}(t)]^l}$$

$$\ddot{x}_{n+1}(t + T) = c\dot{x}_{n+1}^m(t + T)\frac{[\dot{x}_n(t) - \dot{x}_{n+1}(t)]}{[x_n(t) - x_{n+1}(t)]^l} \; . \qquad (II.125)$$

Danach ändert das folgende Fahrzeug seine Geschwindigkeit proportional zu der Geschwindigkeitsdifferenz, die T Zeiteinheiten vorher vorhanden war. Den Proportionalitätsfaktor α nennt man auch die Sensitivität oder Empfindlichkeit des Systems. Er kann angenommen werden als

a) konstant (einschließlich des Sonderfalles, daß α für
   Beschleunigungen und Verzögerungen unterschiedlich,
   aber jeweils konstant ist) $(m = 0, \; l = 0)$

b) abhängig vom jeweiligen Abstand zum Zeitpunkt t $(m = 0, \; l \neq 0)$

c) abhängig von der Geschwindigkeit des nachfolgenden
   Fahrzeugs zum Zeitpunkt t + T $(m \neq 0, \; l = 0)$

d) abhängig von Geschwindigkeit und Abstand $(m \neq 0, \; l \neq 0)$

Es sind auch andere Ansätze als nach Gl. (II.125) zur Untersuchung des Folgeverhaltens untersucht worden. Sie ähneln aber den obigen insofern, als überall versucht wird, die Bewegung des folgenden Fahrzeugs als Funktion von Bewegungsgrößen des vorausfahrenden Fahrzeugs zu beschreiben.

Stabilitätsberechnungen sind für die nichtlinearen Modellansätze b) bis d) sehr schwierig durchzuführen. Die Untersuchung der lokalen Stabilität ergab für den linearen Ansatz a) (s. Abb. II.56)

für $C = \alpha T \leq \frac{1}{e}$ ($\approx 0,368$) - der nachfolgende Fahrzeugführer reagiert aperiodisch und
   gedämpft,

für $\frac{1}{e} < C < \frac{\pi}{2}$ - die Reaktion ist oszillatorisch und gedämpft,

für $C = \frac{\pi}{2}$ ($\approx 1,57$)   - die Reaktion des ersten Folgefahrzeugs ist oszillatorisch
   und ungedämpft, die der weiteren oszillatorisch angefacht,

für $C > \frac{\pi}{2}$ - die Reaktion ist oszillatorisch angefacht (die Amplitude
   wächst).

Asymptotische Stabilität erfordert $C \leq 0,5$.

Kennt man die Bewegung des ersten Fahrzeugs und den Ausgangszustand der betrachteten Kolonne (Abstände und Geschwindigkeiten zum Zeitpunkt t = 0), so lassen sich die Bewegungslinien der folgenden Fahrzeuge für das Modell der Gl. (II.125) bestimmen:

a) durch analytische Berechnung (wenigstens für α = const), wenn die Bewegung des ersten Fahrzeugs in Form einer stetigen Funktion gegeben ist,

b) durch schrittweise Anwendung numerischer Methoden (manuell oder mit Rechenanlagen),

c) graphisch (wenn auch noch nicht für alle Fälle).

Die graphische Lösung werde für α = const an einem Beispiel erläutert.

Beispiel 25:

Es sei angenommen:

1. Die Geschwindigkeitsganglinie des Fahrzeugs n ist eine Sinuskurve (Abb. II.59)

$$\dot{x}_n(t) = 10 \sin \cdot 0{,}4\ t \ \ \text{m/sec}$$

für $0 \leq t \leq 7{,}84$ sec.

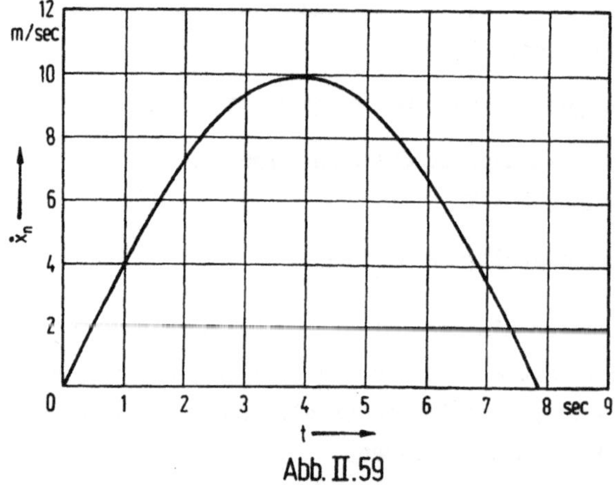

Abb. II.59

2. Es sei T = 1 sec, α = 1 sec^{-1}. Dann kann die Beschleunigung (und damit die Geschwindigkeit) des Fahrzeugs n + 1 graphisch folgendermaßen ermittelt werden:

In ein Koordinatensystem, dessen Ordinate die Geschwindigkeitsdifferenz der beiden Fahrzeuge und dessen Abszisse die Zeit darstellt (Abb. II.61), wird eine Parallele zur Ordinate durch t = 1/α gezeichnet. Die Steigung einer Geraden, die vom Koordinatenursprung aus zu einem Punkt auf dieser Parallelen verläuft (wobei dieser Punkt von der Zeitachse den Abstand hat, der durch die Geschwindigkeitsdifferenz zum Zeitpunkt t - T gegeben ist) liefert die Beschleunigung des Fahrzeugs n + 1 zum Zeitpunkt t. Die so ermittelte Steigung

$$\alpha(\dot{x}_n - \dot{x}_{n+1})_{t-T}$$

entspricht der rechten Seite der Fahrzeugfolgegleichung (II.124) und damit auch der gesuchten Beschleunigung. Durch Parallelverschiebung kann die Beschleunigung, die über ein Zeitintervall konstant gehalten wird, in das $\dot{x}$-t-Koordinatensystem (Abb. II.60) übertragen werden. Je kleiner dieses Zeitintervall gewählt wird, umso größer wird die Genauigkeit der Konstruktion. Die Lösung (= Geschwindigkeitsganglinie des Fahrzeugs n + 1) ist in Abb. II.60 gestrichelt eingezeichnet. Zum Vergleich zeigt die gleiche Abbildung in durchgezogener Linie die exakte Lösung, wie sie sich analytisch oder durch numerische Berechnung auf einer Rechenanlage ergibt.

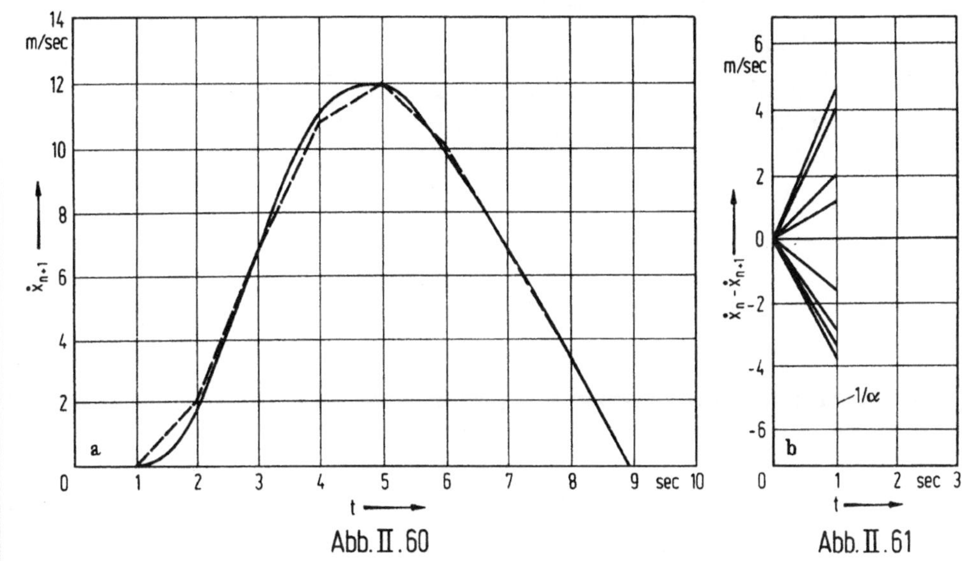

Abb. II.60   Abb. II.61

3.3.1.4 Makroskopische Überprüfung mikroskopischer Modelle

3.3.1.4.1 Integration der Fahrzeugfolgegleichung

Modelle, die wie die Fahrzeugfolgemodelle den Verkehrsablauf aus den Bewegungen seiner einzelnen Elemente, den einzelnen Fahrzeugen, zu erklären versuchen, nennt man m i k r o s k o p i s c h e Modelle. Beschreibt man demgegenüber den Verkehrsablauf durch Parameter, die ein ganzes Kollektiv von Fahrzeugen charakterisieren (wie z.B. die Verkehrsstärke und die Verkehrsdichte), so nennt man eine derartige Betrachtungsweise m a k r o s k o p i s c h. Soweit sie dasselbe Phänomen beschreiben, müssen sie ineinander überführt werden können.

Eine Kolonne bewegt sich s t a t i o n ä r, wenn sich im Mittel (mikroskopisch) die Geschwindigkeiten $v = \dot{x}$ und die Abstände Δx der Fahrzeuge mit der Zeit nicht ändern. Daraus folgt (makroskopisch)

$$k = \frac{1}{\Delta x} = \text{const}$$

und

$$q = vk = \text{const} .$$

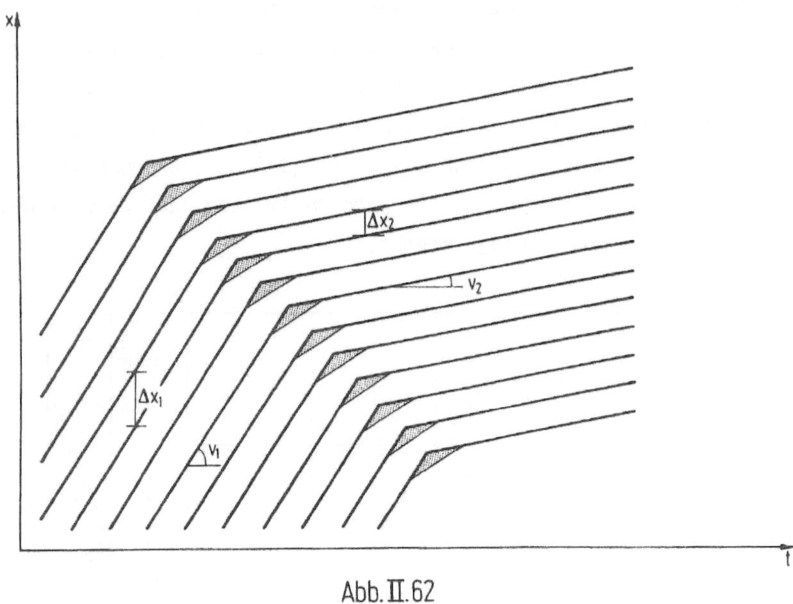

Abb. II.62

Für einen stationären Verkehrsstrom mit geraden Bewegungslinien der einzelnen Fahrzeuge ist in Gl. (II.124)

$$\ddot{x}_{n+1}(t + T) = 0$$

und

$$\dot{x}_n(t) - \dot{x}_{n+1}(t) = 0 \ .$$

Nun möge das erste Fahrzeug seine Geschwindigkeit von v_1^n auf v_2^n ändern. Nimmt man
an, α und T seien konstant und von solcher Größe, daß das Abstandsverhalten stabil
ist, dann wird sich nach einer gewissen Zeit auch die Geschwindigkeit des folgenden
Fahrzeugs auf v_2^{n+1} = const = v_2^n mit entsprechenden Abständen $\Delta x_2 (\neq \Delta x_1)$ = const eingependelt haben.
Der Übergang nun läßt sich mit Hilfe von Gl. (II.124) beschreiben.

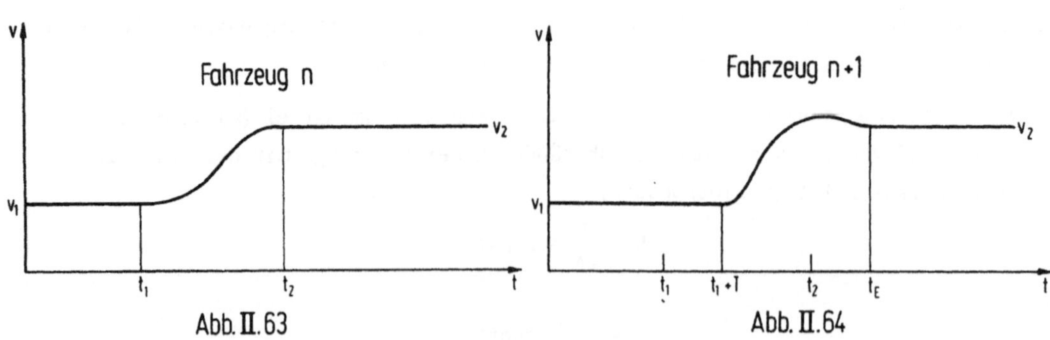

Abb. II.63   Abb. II.64

Fahrzeug n ändere seine Geschwindigkeit entsprechend Abb. II.63 von v_1^n = const auf v_2^n = const. Fahrzeug n + 1 reagiere etwa entsprechend Abb. II.64. Dann errechnet sich v_2^{n+1} zu

$$v_2^{n+1} = v_1^{n+1} + \int_{t_1+T}^{t_E} \ddot{x}_{n+1}(t)dt \ .$$

Weil aber im Bereich von $v_1^{n+1} = v_1^n = v_1$ = const

$$\int_0^{t_1+T} \ddot{x}_{n+1}(t)dt = 0$$

und im Bereich $v_2^{n+1} = v_2^n = v_2$ = const

$$\int_{t_E}^{\infty} \ddot{x}_{n+1}(t)dt = 0$$

ist, kann man auch schreiben

$$v_2 = v_1 + \int_0^{\infty} \ddot{x}_{n+1}(t)dt \ .$$

Bei einer solchen Integration von Gl. (II.124) verschwindet also T, und es wird

$$v_2 = v_1 + \alpha \int_0^{\infty} [\dot{x}_n(t) - \dot{x}_{n+1}(t)]dt$$

$$v_2 - v_1 = \alpha\{x_n(\infty) - x_{n+1}(\infty) - [x_n(0) - x_{n+1}(0)]\} \ .$$

Mit

$$x_n(\infty) - x_{n+1}(\infty) = \Delta x_2 = \frac{1}{k_2}$$

und

$$x_n(0) - x_{n+1}(0) = \Delta x_1 = \frac{1}{k_1}$$

(vgl. Abb. II.62), wird daraus

$$v_2 - v_1 = \alpha(\frac{1}{k_2} - \frac{1}{k_1}) \ .$$

Das ist eine makroskopische Beziehung zwischen Geschwindigkeit und Dichte. Für die Randbedingung v_1 = 0 ist $k_1 = k_{max}$ (vgl. Abschn. II.2.5.3.3).

Nimmt man nun an, die obige Gleichung beschreibe den Übergang vom Zustand v_1 = 0 (stehende Kolonne) zu irgendeinem anderen Zustand v_2 = v, so wird

$$v = \alpha(\frac{1}{k} - \frac{1}{k_{max}}) \qquad\qquad\qquad\qquad (II.126)$$

und

$$q = q(k) = vk = \alpha(1 - \frac{k}{k_{max}}) \ . \qquad\qquad\qquad (II.127)$$

Das aber ist eine Gleichung für das Fundamentaldiagramm. Da sie eine lineare Beziehung zwischen q und k darstellt (Abb. II.65), genügt sie offenbar nicht allen in Abschn. II.2.5.3.3 geforderten Randbedingungen:

für k = 0 ist q = α($\neq$ 0):   Randbedingung 1. ist nicht erfüllt

für k = k_{max} ist q = 0:   Randbedingung 2. ist erfüllt

für k = 0 ist v = ∞($\neq$ v_w):   Randbedingung 3. ist nicht erfüllt

für k = k_{max} ist v = 0:   Randbedingung 4. ist erfüllt

$\lim\limits_{k \to 0} \dfrac{dv}{dk} = \dfrac{\alpha}{k^2} = \infty(\neq 0)$:   Randbedingung 5. ist nicht erfüllt

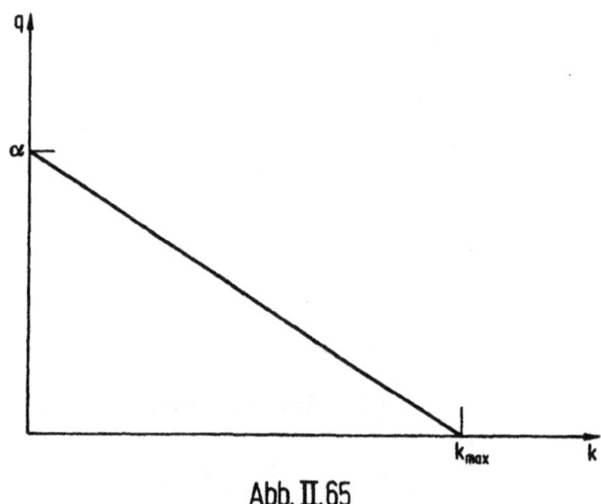

Abb. II.65

Dabei ist aber zu beachten, daß in Fahrzeugfolgemodelle wegen ihrer Voraussetzung (Fahren nur im Beeinflussungsbereich des vorausfahrenden Fahrzeugs) keine großen Erwartungen hinsichtlich einer realistischen makroskopischen Beschreibung des Verkehrsablaufs im Bereich schwacher Verkehrsbelastungen gesetzt werden dürfen. Trotzdem liegt ein großer Nutzen des Modells nach Gl. (II.124) mit α = const darin, verhältnismäßig einfach das Phänomen der Stabilität einer Fahrzeugkolonne illustrieren zu können.

Weil die Reaktionszeit T bei der Integration (vgl. S. 121) keine Rolle spielt, läßt sich Gl. (II.126) auch direkt aus Gl. (II.124) herleiten:

$$\ddot{x}_{n+1}(t + T) = \alpha[\dot{x}_n(t) - \dot{x}_{n+1}(t)]$$

$$\int \ddot{x}_{n+1}(t + T)dt = \alpha \int[\dot{x}_n(t) - \dot{x}_{n+1}(t)]dt$$

$$\dot{x} = \alpha\Delta x + C$$

oder

$$v = \frac{\alpha}{k} + C .$$

Mit der Randbedingung k = k_{max} für v = 0 wird

$$C = - \frac{\alpha}{k_{max}}$$

und damit

$$v = \alpha \left(\frac{1}{k} - \frac{1}{k_{max}} \right)$$

wie oben (Gl. (II.126)).

3.3.1.4.2 Formen des Fundamentaldiagramms I

Die Integration des verallgemeinerten Fahrzeugfolgemodells nach Gl. (II.125) ist wesentlich komplizierter. Sie liefert als Ergebnis eine Gleichung der Form

$$f_m(v) = - \alpha_0 f_1(\Delta x) + \beta \qquad (II.128)$$

Die Ausdrücke $f_m(v)$ und $f_1(\Delta x)$ lassen sich zusammengefaßt darstellen in einem Ausdruck $f_p(z)$. Dann steht also p für m oder 1 und z für v oder Δx. Betrachtet man den Fall p = m, so folgt daraus z = v, und aus p = 1 folgt entsprechend z = Δx.
Es ist nun

1a) $\qquad\qquad f_p(z) = z^{1-p} \qquad\qquad$ für p $\neq$ 1

1b) $\qquad\qquad f_p(z) = \ln z \qquad\qquad$ für p = 1 .

Außerdem ist

2a) $\qquad\qquad \beta = f_m(v_w) \qquad\qquad$ für m > 1, 1 $\neq$ 1

$\qquad\qquad\qquad\qquad\qquad\qquad\qquad$ oder m = 1, 1 > 1

$\qquad\qquad\qquad\qquad\qquad\qquad\qquad$ (v_w = Wunschgeschwindigkeit (vgl. Abschn.

$\qquad\qquad\qquad\qquad\qquad\qquad\qquad\qquad$ II.2.5.3))

2b) $\qquad\qquad \beta = \alpha_0 f_1(\Delta x_{min}) \qquad$ für alle anderen Kombinationen von m und

$\qquad\qquad\qquad\qquad\qquad\qquad\qquad$ 1, außer m = 1, 1 < 1

$\qquad\qquad\qquad\qquad\qquad\qquad\qquad$ ($\Delta x_{min} = \frac{1}{k_{max}}$) .

Betrachtet werde z.B. ein Modell mit m = 0, 1 = 1:

$$\ddot{x}_{n+1}(t + T) = \alpha_0 \frac{\dot{x}_n(t) - \dot{x}_{n+1}(t)}{x_n(t) - x_{n+1}(t)}$$

Für diesen Fall können in Gl. (II.128) folgende Ausdrücke eingesetzt werden:
nach 1a) für p = m = 0 ($\neq$ 1) und z = v

$$f_m(v) \; (= f_p(z) = z^{1-p}) = v^{1-0} = v$$

nach 1b) für p = 1 = 1 und z = Δx

$$f_1(\Delta x) \; (= f_p(z) = \ln z) = \ln \Delta x = \ln \frac{1}{k}$$

für p = 1 = 1 und z = Δx_{min}

$$f_1(\Delta x_{min}) \; (= f_p(z) = \ln z) = \ln \Delta x_{min} = \ln \frac{1}{k_{max}}$$

nach 2b) $\qquad\qquad\qquad \beta = \alpha_0 f_1(\Delta x_{min}) = \alpha_0 \ln \frac{1}{k_{max}}$

Einsetzen in Gl. (II.128) liefert

$$v = - \alpha_0 \ln \frac{1}{k} + \alpha_0 \ln \frac{1}{k_{max}}$$

sowie

$$q = vk = k\alpha_0 (\ln \frac{1}{k_{max}} - \ln \frac{1}{k}) \; .$$

Die Funktion hat ihr Maximum bei $dq/dk = 0$; dort ist $v = v_{opt}$ und (unter Benutzung einer daran angelehnten, wenn auch ebenfalls nicht sehr glücklichen Bezeichnung) $k = k_{opt}$. Mit k_{opt} wird also keine optimale Dichte, sondern die Dichte bezeichnet, die zu v_{opt} gehört.

$$\frac{dq}{dk} = \frac{k\alpha_0}{k} + \alpha_0 (\ln \frac{1}{k_{max}} - \ln \frac{1}{k}) = 0$$

$$\ln \frac{1}{k_{opt}} = 1 + \ln \frac{1}{k_{max}}$$

$$k_{opt} = e^{-(1+\ln 1/k_{max})} = \frac{1}{e} k_{max}$$

$$v_{opt} = \alpha_0 (\ln \frac{1}{k_{max}} - \ln \frac{e}{k_{max}}) = - \alpha_0 \ln e$$

$$\alpha_0 = - v_{opt} \; .$$

Folglich ist

$$v = - v_{opt} (\ln \frac{1}{k_{max}} - \ln \frac{1}{k}) = v_{opt} \ln \frac{k_{max}}{k} \qquad\qquad (II.129)$$

und

$$q = vk = v_{opt} k \ln \frac{k_{max}}{k} \; . \qquad\qquad (II.130)$$

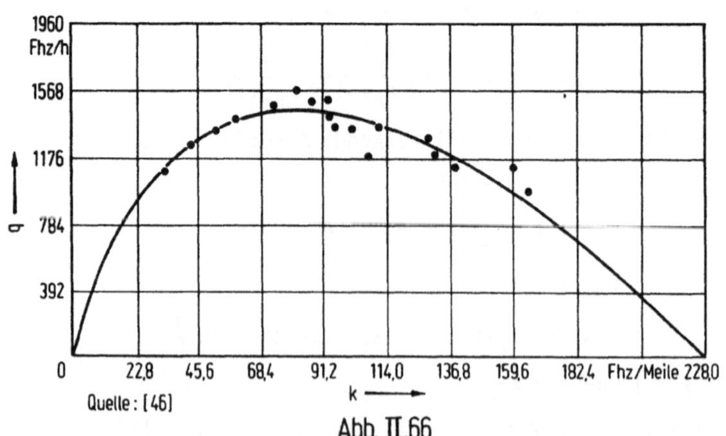

Abb. II.66

Dieses Modell paßt sich, wie Abb. II.66 aus amerikanischen Untersuchungen zeigt,
beobachteten (q,k)-Werten offensichtlich besser an.

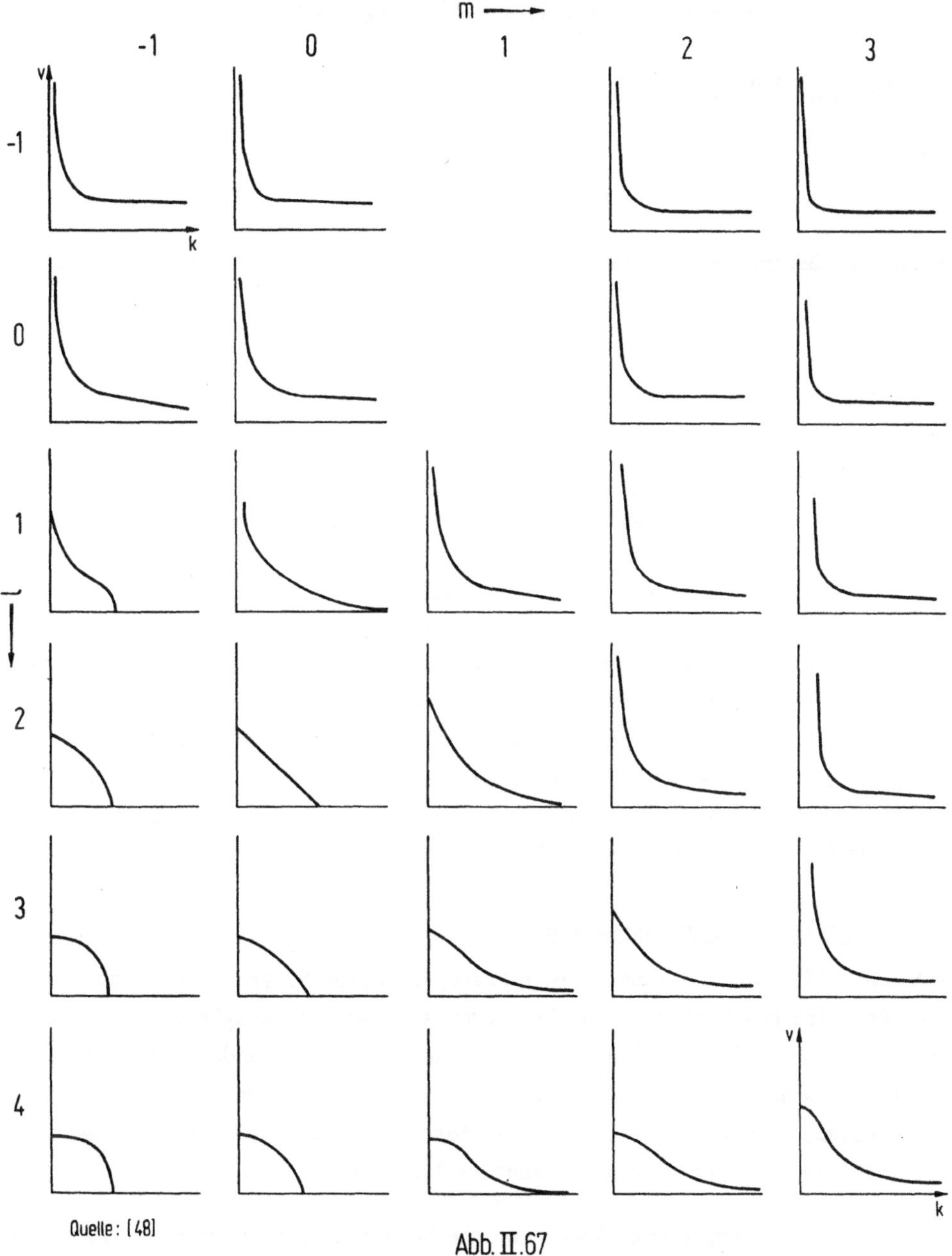

Ein anderes Modell lautet(mit m = O und l = 2)

$$\ddot{x}_{n+1}(t + T) = \alpha_1 \frac{\dot{x}_n(t) - \dot{x}_{n+1}(t)}{[x_n(t) - x_{n+1}(t)]^2} \, .$$

Hier ist

1. für $p = m = 0$ und $z = v$: $f_m(v) = v^{1-0} = v$

2. für $p = 1 = 2$ und $z = \Delta x$: $f_1(\Delta x) = \Delta x^{1-1} = \Delta x^{-1} = k$

3. $\beta = \alpha_1 f(\Delta x_{min}) = \alpha_1 k_{max}$

und damit

$$v = \alpha_1 k_{max} - \alpha_1 k \ .$$

α_1 wird aus der Bedingung bestimmt, daß für $k = 0$ die Geschwindigkeit $v = v_W$ sein muß:

$$\alpha_1 = \frac{v_W}{k_{max}} \ .$$

Daraus wird

$$v = v_W \frac{k_{max}}{k_{max}} - v_W \frac{k}{k_{max}} = v_W(1 - \frac{k}{k_{max}}) \tag{II.131}$$

und

$$q = vk = v_W k(1 - \frac{k}{k_{max}}) \tag{II.132}$$

Abb. II.67 zeigt, wie verschiedene Kombinationen von m und 1 die Form der Funktionen $v = v(k)$ (und damit natürlich die von $q = q(k)$) beeinflußen.
m und 1 müssen nicht unbedingt ganzzahlig sein. Untersuchungen haben gezeigt, daß ein Modell mit m = 0,8 und 1 = 2,8 eine gute Übereinstimmung mit Daten ergab, die auf einer Stadtautobahn in Chicago beobachtet worden waren. Wegen des Vorlaufs der zugehörigen Kurve $v = v(k)$ vgl. Abb. II.67 mit Abb. II.42.

3.3.2 Psycho-physische Abstandsmodelle

Die in Abschn. II.3.3.1.3 diskutierten Fahrzeugfolgegleichungen rechnen zum einen mit einer Reaktion des nachfolgenden Fahrzeugs auch auf beliebig kleine Änderungen der Differenzgeschwindigkeit $\Delta \dot{x}$ bzw. des Abstands Δx und zum anderen auch dann mit einer Reaktion, wenn der Abstand sehr groß ist. Außerdem nehmen sie an, daß keine Reaktion erfolgt, sobald Geschwindigkeitsdifferenzen gleich null sind (s. dazu Gl. (II.125)). Diese Annahmen sind nicht sehr realistisch.

Wesentlich wirklichkeitsgetreuer können solche Vorgänge durch psycho-physische Modellvorstellungen beschrieben werden. Wahrnehmungspsychologische Untersuchungen haben gezeigt, daß die das Fahrverhalten stimulierenden Einflußgrößen gewissen Grenzwerten unterliegen: es wird im Gegensatz zu den deterministischen Modellen davon ausgegangen, daß
1. bei großen Abständen unabhängig von der Größenordnung der Geschwindigkeitsdiffe-

renz überhaupt kein Einfluß auf den Fahrer eines Folgefahrzeugs vorhanden ist und
daß

2. auch bei kleinerem Abstand eine Kombination von Geschwindigkeitsdifferenz und
Abstand vorliegen kann, die ebenfalls keine Reaktion des nachfolgenden Fahrzeugs
bewirkt, weil die Relativbewegung zu klein ist.

Es existieren also Wahrnehmungsschwellen. Erst wenn sie erreicht sind, wird auf
Bewegungsänderungen reagiert, die als Änderung der Bildgröße des vorausfahrenden
Fahrzeugs bemerkt werden. In einem Δx-$\Delta\dot{x}$-Koordinatensystem stellen sich solche
Wahrnehmungsschwellen parabolisch dar (Abb. II.68).

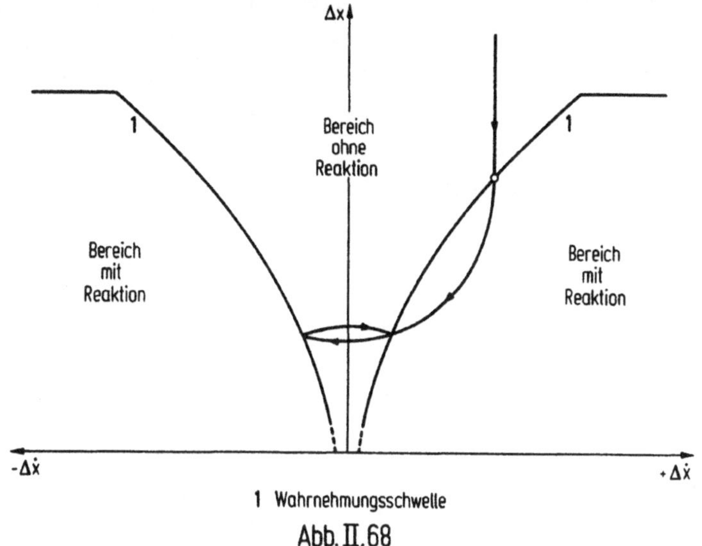

Abb. II.68

Aus dieser Abbildung ist auch ersichtlich, wie ein Folgevorgang abläuft. Ein Fahrzeug mit der Geschwindigkeit $\dot{x}_{n+1}$, die größer ist als die Geschwindigkeit $\dot{x}_n$ des
vorausfahrenden Fahrzeugs, nähere sich mit konstanter Geschwindigkeitsdifferenz $\Delta\dot{x}$.
Bei Erreichen der Wahrnehmungsschwelle reagiert der Fahrer, indem er seine Geschwindigkeit vermindert. Eine derartige Relativbewegung stellt sich bei konstanter Verzögerung als eine Parabel 2. Ordnung dar, deren Scheitel auf der Δx-Achse liegt.
Durch das Verzögern versucht der Fahrer, einen Punkt zu erreichen, bei dem $\Delta\dot{x} = 0$
ist. Das gelingt ihm nicht exakt, weil er einmal kleinste Geschwindigkeitsdifferenzen nicht erkennen kann und zum anderen nicht in der Lage ist, die Geschwindigkeit des Fahrzeugs so genau zu kontrollieren. Das hat zur Folge, daß sich der Abstand wieder vergrößert. Erst bei Erreichen der gegenüberliegenden Wahrnehmungsschwelle versucht der Fahrer des Folgefahrzeugs durch Beschleunigen den ursprüng-
lich angestrebten Abstand wieder herzustellen (in Abb. II.68 durch den oberen Teil
der Schleife angedeutet).

Nimmt man an, die Abhängigkeit der Wahrnehmungsschwellen vom Abstand sei für positive wie negative Geschwindigkeitsänderungen gleich groß, so ergibt sich daraus

ein Abstandsverhalten, das einem symmetrischen Pendeln um den gewünschten Abstand
entspricht.

Tatsächlich ist aber beobachtet worden, daß die Wahrnehmungsschwellen für einzelne
Testpersonen nur einen stochastischen Zusammenhang im Δx-$\Delta \dot{x}$-Koordinatensystem auf-
weisen (Abb. II.69). Außerdem ist die Wahrnehmungsschwelle für positive Geschwindigkeitsdifferenzen (der Abstand verkleinert sich) kleiner als die für negative
Geschwindigkeitsdifferenzen (der Abstand vergrößert sich). Das kann u.a. dadurch
erklärt werden, daß aus Sicherheitsgründen der Vorgang der Annäherung von den Fah-
rern in aller Regel mit einem größeren Aufmerksamkeitsgrad verfolgt wird als der
Vorgang der Abstandsvergrößerung. Wie Abb. II.69 zeigt, folgt daraus eine zykli-
sche Abstandsänderung mit im Mittel zunehmendem Abstand. Wie durch Beobachtungen
festgestellt wurde, wird dieser sogenannte Trifteffekt auf zweierlei Weise kompen-
siert: entweder wechselt ein Fahrer dann, wenn er gerade schneller fährt als der
Vordermann, von einer positiven Beschleunigung auf eine konstante Geschwindigkeit,
oder er fährt im positiven Quadranten des $\Delta \dot{x}$-Δx-Koordinatensystems mit einer anderen Beschleunigung als im negativen Quadranten.

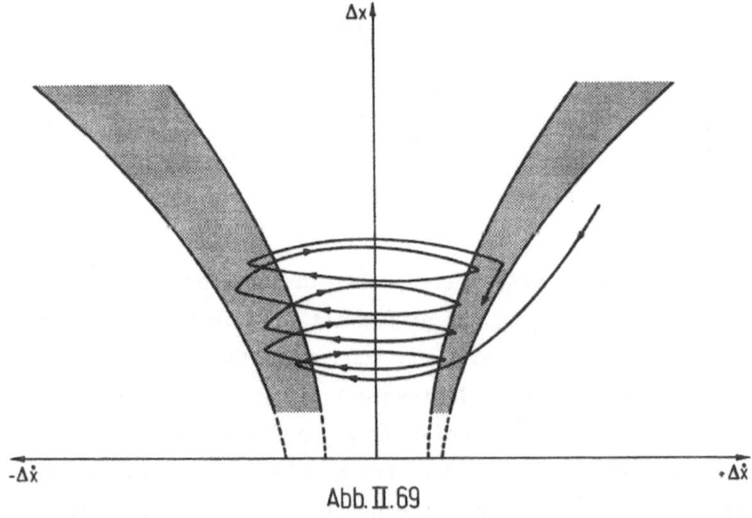

Abb. II.69

Psycho-physische Abstandsmodelle beinhalten also einige wesentlich realistischere
Annahmen über den Verkehrsablauf. Sie sind deshalb besser als deterministische Abstandsmodelle zur Simulation von Verkehrsabläufen geeignet.

3.3.3 Die Kontinuumstheorie

3.3.3.1 Zustandsgleichung und Kontinuitätsgleichung

In den Abschn. II.2.1 und II.2.2 waren k und q aus meßbaren Größen des Einheitenstroms definiert worden. Bei e i n e r   l o k a l e n Messung an der Stelle x_i

über das Zeitintervall Δt zwischen t_0 und t_i ist nach Gl. (II.14)

$$q = \frac{\Phi_{x_i}(t_i) - \Phi_{x_i}(t_0)}{\Delta t} = \frac{M(x_i,t,\Delta t)}{\Delta t} \; ,$$

bei z w e i   l o k a l e n Messungen an den Stellen x_0 und $x_i = x_0 + \Delta x$ ist zum Zeitpunkt t_i nach Gl. (II.17)

$$k = - \frac{\Phi_{x_i}(t_i) - \Phi_{x_0}(t_i)}{\Delta x} = \frac{N(t_i,x,\Delta x)}{\Delta x} \; .$$

Die Grenzübergänge

$$\lim_{\Delta t \to 0} \frac{P[M(x_i,t,\Delta t) \geq 1]}{\Delta t} = \lambda_x(t)$$

(vgl. Gl. (II.15) und

$$\lim_{\Delta x \to 0} \frac{P[N(t_i,x,\Delta x) \geq 1]}{\Delta x} = \kappa_t(x)$$

(vgl. Gl. (II.18)) beziehen sich auf den Einheitenstrom $\Phi(x,t)$, der sich, wie Abb. II.10 zeigt, über der x-t-Ebene als "Stufenfläche" darstellt. Wird dagegen $\Phi(x,t)$ als eine stetige Fläche betrachtet (s. Abb. II.73), dann liefern Schnitte parallel zur Φ-x-Ebene bzw. zur Φ-t-Ebene stetige Funktionen für $\lambda_x(t)$ bzw. $\kappa_t(x)$ (Abb. II. 70). Daraus wird häufig die Analogie eines Übergangs zu einem kontinuierlich fließenden Medium abgeleitet. Es ist klar, daß das nur im Bereich dichten Verkehrs einigermaßen zulässig ist.

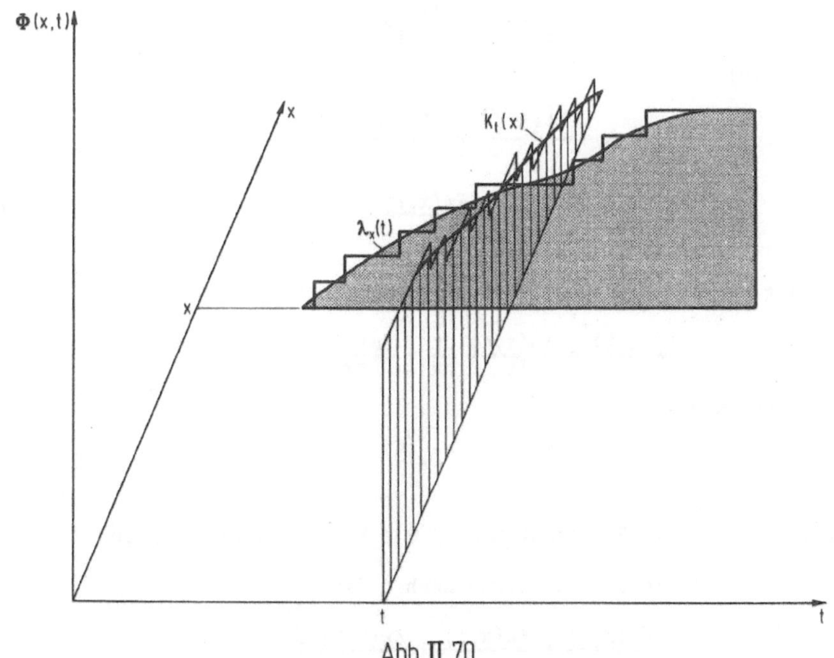

Abb. II.70

Mit den genannten Voraussetzungen wird dann

$$\lambda_x(t) = \frac{\delta\phi(x,t)}{\delta t} \qquad\qquad (II.133)$$

und

$$\kappa_t(x) = -\frac{\delta\phi(x,t)}{\delta x} . \qquad\qquad (II.134)$$

Das totale Differential der Funktion $\phi(x,t)$ ist

$$d\phi(x,t) = \frac{\delta\phi(x,t)}{\delta t}dt + \frac{\delta\phi(x,t)}{\delta x}dx$$

und damit die totale Ableitung nach t

$$\frac{d\phi(x,t)}{dt} = \frac{\delta\phi(x,t)}{\delta t} + \frac{\delta\phi(x,t)}{\delta x}\frac{dx}{dt} .$$

Setzt man diese Ableitung gleich null, dann wird mit den Gln. (II.133) und (II.134) und $dx/dt = v$

$$\lambda_x(t) - \kappa_t(x)v = 0$$

$$\lambda_x(t) = v\kappa_t(x) \qquad\qquad (II.135)$$

(vgl. dazu Gl. (II.54).

Geht man statt von lokalen von momentanen Messungen aus, dann wird mit Gl. (II.20)

$$q = -\frac{\psi_{t_i}(x_i) - \psi_{t_0}(x_i)}{\Delta t}$$

$$\lambda_x(t) = -\frac{\delta\psi(x,t)}{\delta t} \qquad\qquad (II.136)$$

und mit Gl. (II.19)

$$k = \frac{\psi_{t_i}(x_i) - \psi_{t_i}(x_0)}{\Delta x}$$

$$\kappa_t(x) = \frac{\delta\psi(x,t)}{\delta x} . \qquad\qquad (II.137)$$

Totale Ableitung von $\psi(x,t)$ nach x null gesetzt, liefert

$$\frac{d\psi(x,t)}{dx} = \frac{\delta\psi(x,t)}{\delta t}\frac{dt}{dx} + \frac{\delta\psi(x,t)}{\delta x} = 0$$

und daher (mit $dt/dx = w$)

$$\kappa_t(x) = w\lambda_x(t) \qquad\qquad (II.138)$$

(vgl. dazu Gl. (II.55).

Die Gln. (II.135) und (II.138) nennt man Z u s t a n d s gleichungen.

Es sei $\kappa = \kappa(x,t)$. Die totale Ableitung nach t ist

$$\frac{d\kappa(x,t)}{dt} = \frac{\delta\kappa(x,t)}{\delta t} + \frac{\delta\kappa(x,t)}{\delta x}\frac{dx}{dt} .$$

Setzt man sie gleich null und führt

$$\kappa(x,t) = -\frac{\delta\Phi(x,t)}{\delta x}$$

ein, so wird daraus

$$\frac{d\kappa(x,t)}{dt} = -\frac{\delta^2\Phi(x,t)}{\delta x\delta t} - \frac{dx}{dt}\frac{\delta^2\Phi(x,t)}{\delta x^2} = 0 . \qquad (II.139)$$

Analog läßt sich schreiben

$$\frac{d\lambda(x,t)}{dx} = \frac{\delta\lambda(x,t)}{\delta x} + \frac{\delta\lambda(x,t)}{\delta t}\frac{dt}{dx} = 0 \qquad (II.140)$$

und mit

$$\lambda(x,t) = -\frac{\delta\psi(x,t)}{\delta t}$$

$$\frac{d\lambda(x,t)}{dx} = -\frac{\delta^2\psi(x,t)}{\delta t\delta x} - \frac{dt}{dx}\frac{\delta^2\psi(x,t)}{\delta t^2} = 0 . \qquad (II.141)$$

Diese partiellen Differentialgleichungen nennt man **K o n t i n u i t ä t s** gleichungen.

Im folgenden seien die Zustandsgleichungen (II.135) und (II.138) und die Kontinuitätgleichungen als Ableitungen der Funktion des Einheitenstroms noch einmal vergleichend gegenübergestellt:

Zustandsgleichungen

$$\frac{\delta\Phi(x,t)}{\delta t} + \frac{dx}{dt}\frac{\delta\Phi(x,t)}{\delta x} = 0$$

$$\frac{\delta\psi(x,t)}{\delta t}\frac{dt}{dx} + \frac{\delta\psi(x,t)}{\delta x} = 0$$

Kontinuitätsgleichungen

$$\frac{\delta^2\Phi(x,t)}{\delta x\delta t} + \frac{dx}{dt}\frac{\delta^2\Phi(x,t)}{\delta x^2} = 0$$

$$\frac{\delta^2\psi(x,t)}{\delta t\delta x} + \frac{dt}{dx}\frac{\delta^2\psi(x,t)}{\delta t^2} = 0 .$$

Die Kontinuitätsgleichung läßt sich auch wahrscheinlichkeitstheoretisch herleiten:
Die Wahrscheinlichkeit, daß ein Fahrzeug zum Zeitpunkt t in dx vorhanden ist, ist
$\kappa(x,t)dx$ (vgl. dazu Abschn. II.2.1 bzw. II.2.2). Die Wahrscheinlichkeit, daß ein
Fahrzeug während des Intervalls dt bei x in das Wegintervall dx (Abb. II.71) hineinfährt, ist $\lambda(x,t)dt$. Mit der gleichen Wahrscheinlichkeit, mit der e n t w e d e r
zum Zeitpunkt t ein Fahrzeug in dx vorhanden ist o d e r während dt in das Wegintervall hineinfährt, muß es im gleichen Zeitintervall e n t w e d e r bei x + dx
das Wegintervall wieder verlassen o d e r sich zum Zeitpunkt t + dt noch in ihm
befinden (vgl. Abb. II.72: Bewegungslinien, die die stark ausgezeichneten Seiten
des betrachteten Elements schneiden, müssen bei beliebig kleinem Element auch die

gestrichelten Seiten schneiden).

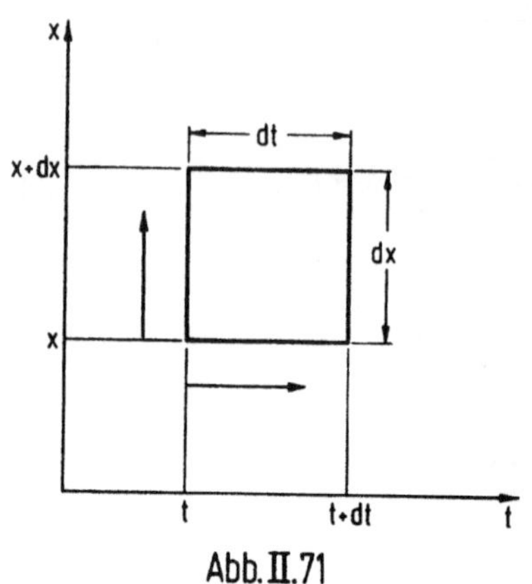

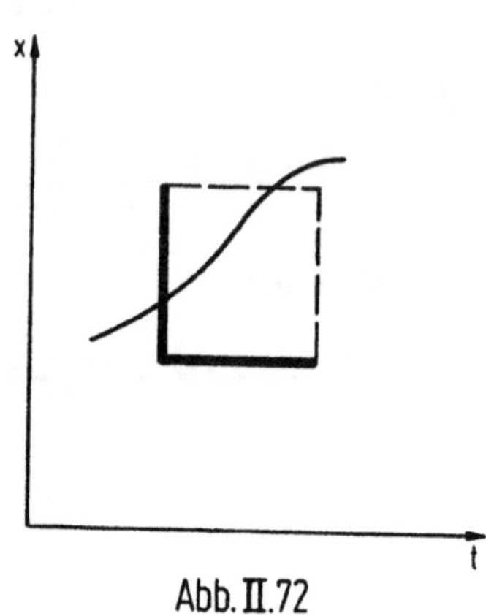

Dann ist[+)]

$$\kappa(x,t)dx + \lambda(x,t)dt = \kappa(x,t + dt)dx + \lambda(x + dx,t)dt$$

oder

$$\kappa(x,t)dx - \kappa(x,t + dt)dx + \lambda(x,t)dt - \lambda(x + dx,dt)dt = 0 \ . \qquad (II.142)$$

Mit

$$\kappa(x,t)dx - \kappa(x,t + dt)dx = [\kappa(x,t) - \kappa(x,t + dt)]dx = \frac{\delta\kappa(x,t)}{\delta t}dt\,dx$$

und

$$\lambda(x,t)dt - \lambda(x + dx,t)dt = [\lambda(x,t) - \lambda(x + dx,t)]dt = \frac{\delta\lambda(x,t)}{\delta x}dx\,dt$$

wird Gl. (II.142) zu

$$\frac{\delta\kappa(x,t)}{\delta t}dt\,dx + \frac{\delta\lambda(x,t)}{\delta x}dx\,dt = 0$$

und daraus die Kontinuitätsgleichung zu

$$\frac{\delta\kappa(x,t)}{\delta t} + \frac{\delta\lambda(x,t)}{\delta x} = 0 \ . \qquad (II.143)$$

Weil aber die Intensität auch eine Funktion der Konzentration ist

$$\lambda = \lambda(\kappa,x,t)$$

ist

$$\frac{\delta\lambda(\kappa,x,t)}{\delta x} = \frac{\delta\lambda}{\delta\kappa}\,\frac{\delta\kappa(x,t)}{\delta x}$$

und folglich

$$\frac{\delta\kappa(x,t)}{\delta t} + \frac{\delta\lambda}{\delta\kappa}\,\frac{\delta\kappa(x,t)}{\delta x} = 0 \ . \qquad (II.144)$$

Vergleich mit Gl. (II.139) zeigt, daß

$$\frac{\delta\lambda}{\delta\kappa} = \frac{dx}{dt} = c \ . \qquad (II.145)$$

____

[+)] Ist die Wahrscheinlichkeit, daß das Ereignis A eintritt, P(A), und die Wahrscheinlichkeit, daß das Ereignis B eintritt, P(B), so ist bei Unvereinbarkeit der Ereig-
nisse die Wahrscheinlichkeit, daß e n t w e d e r A o d e r B eintritt
P(A + B) = P(A) + P(B).

3.3.3.2 Stoßwellen

Ist der Verkehr stationär über Zeit und Weg, dann sind κ und v (und damit auch λ) unabhängig von x und t (vgl. auch Abschn. II.3.1.1).
Ein derartiger Verkehrsstrom wird durch eine Ebene

$$\Phi(x,t) = \lambda t - \kappa x + a$$

mit

$$\frac{\delta\Phi(x,t)}{\delta t} = \lambda = \text{const}$$

$$\frac{\delta\Phi(x,t)}{\delta x} = -\kappa = \text{const}$$

$$v = \frac{\lambda}{\kappa} = \text{const}$$

beschrieben (Abb. II.73).

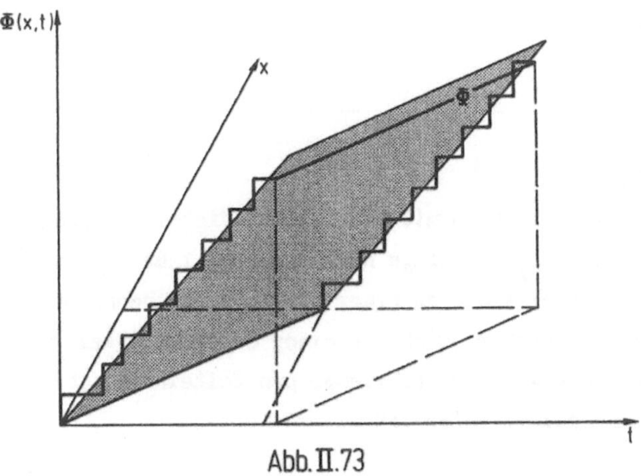

Abb. II.73

Wechselt der Verkehrszustand von (λ_1,κ_1) zu (λ_2,κ_2) (vgl. Abb. II.62), so erfolgt dieser Wechsel in erster Näherung längs der Schnittgeraden der beiden Ebenen

$$\Phi_1 = \lambda_1 t - \kappa_1 x + a_1$$

$$\Phi_2 = \lambda_2 t - \kappa_2 x + a_2$$

(vgl. Abschn. II.3.3.1.4).
Längs dieser Schnittgeraden muß gelten

$$\frac{\delta\Phi_1}{\delta t} = \frac{\delta\Phi_2}{\delta t}$$

$$\lambda_1 - \kappa_1 \frac{dx}{dt} = \lambda_2 - \kappa_2 \frac{dx}{dt} \; .$$

Daraus errechnet sich die Neigung der in die x-t-Ebene projizierten Schnittgeraden, also die Fortpflanzungsgeschwindigkeit der Zustandsänderung (der sogenannten Stoß-welle) zu

$$\frac{dx}{dt} = u = \frac{\lambda_1 - \lambda_2}{\kappa_1 - \kappa_2} = \frac{\Delta\lambda}{\Delta\kappa} \qquad\qquad (II.146)$$

(s. Abb. II.74).

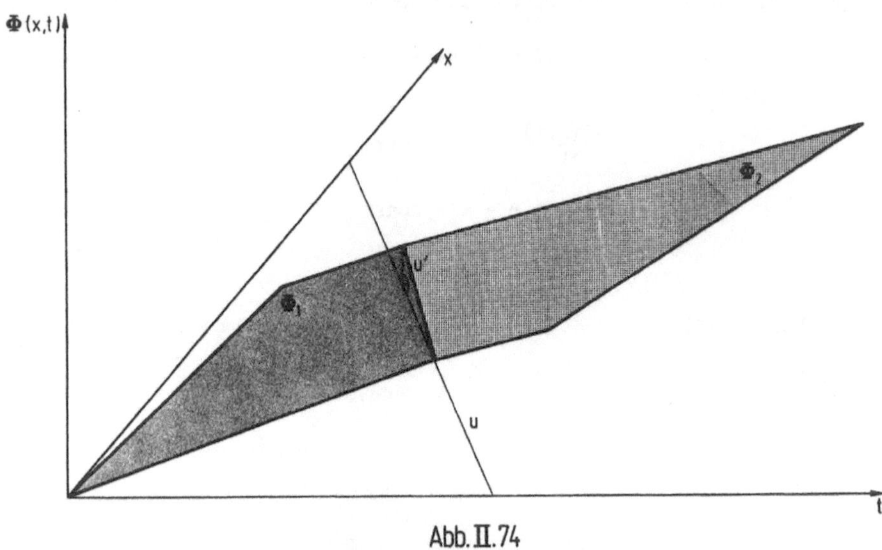

Abb. II.74

In eine solche Stoßwelle, die sich mit der Geschwindigkeit u bewegt, fahren $\lambda_1 - u\kappa_1$
Fahrzeuge hinein und $\lambda_2 - u\kappa_2$ Fahrzeuge heraus. (Das läßt sich illustrieren:
Nimmt man an, ein Beobachter stehe an einer Stelle x, so beobachtet er $\lambda = v\kappa$ Fahrzeuge pro Zeiteinheit. Bewegt er sich mit einer Geschwindigkeit u mit dem Strom,
beobachtet er nur $(v - u)\kappa = \lambda - u\kappa$ Fahrzeuge pro Zeiteinheit; bewegt er sich gegen den Strom, ist u negativ.) Also ist

$$\tau = \frac{1}{\lambda_1 - u\kappa_1} = \frac{1}{\lambda_2 - u\kappa_2}$$

der Zeitabstand, mit dem die Fahrzeuge nacheinander die Stoßwelle durchfahren und
dort Geschwindigkeit und Abstand ändern (Abb. II.75). (Auch hieraus läßt sich u
wie in Gl. (II.146) herleiten.)

Weil die beiden Zustände (λ_1,κ_1) und (λ_2,κ_2) zwei Punkte im Fundamentaldiagramm
darstellen, ergibt sich u auch aus der Sekante durch diese beiden Punkte (Abb. II.
76).

Beispiel 26:
Auf einer Autobahn fahren q_1 = 2000 Fhz/h mit $\bar{v}_{m_1}$ = 80 km/h. Durch einen Un-
fall wird die Autobahn gesperrt. Im entstehenden Stau betrage die Verkehrsdichte k_2 = 275 Fhz/km (auf zwei Spuren).

a) Wie schnell wächst der Stau?
Es ist

$$k_1 = \frac{q_1}{\bar{v}_{m_1}} = \frac{2000}{80} = 25 \text{ Fhz/km}$$

$$\bar{v}_{m_2} = 0; \qquad q_2 = k_2 \bar{v}_{m_2} = 0$$

$$u = \frac{2000 - 0}{25 - 275} = -8 \text{ km/h}$$

(der Stau wächst gegen den Strom).

b) Um wieviele Fahrzeuge wächst der Stau pro Stunde?
Der Stau wächst um

$$q_1 - k_1 u = q_2 - k_2 u$$

$$2000 - (-25 \cdot 8) = 0 - (-275 \cdot 8) = 2200 \text{ Fhz/h} .$$

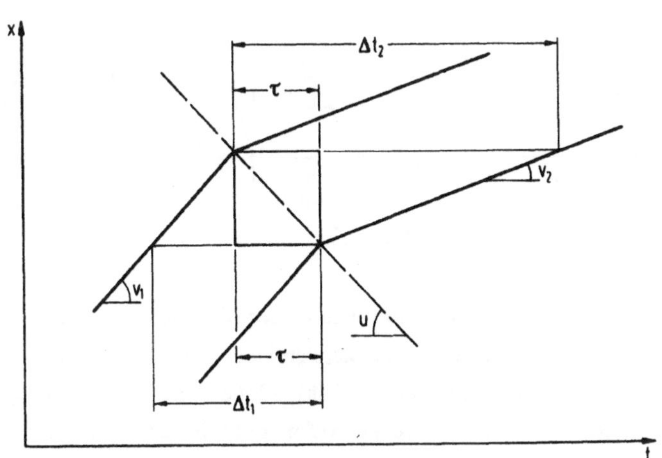

Abb. II. 75

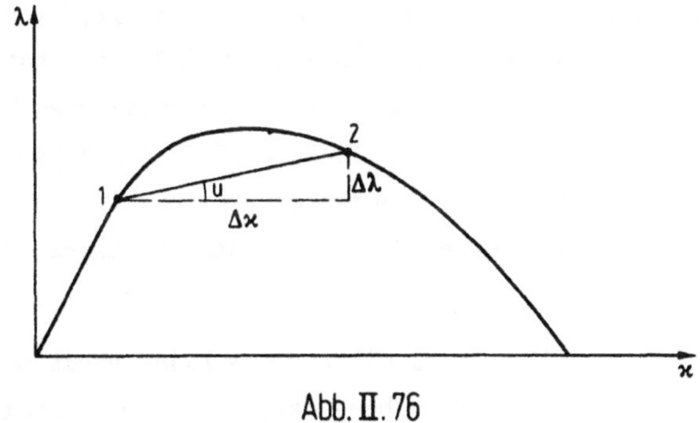

Abb. II. 76

Wie ein Stau wächst, läßt sich auch graphisch konstruieren. Wie erwähnt
beobachtet ein Beobachter, der sich mit der Stoßwelle bewegt, eine Verkehrsstärke

$$\lambda' = \kappa_2(v_2 - u) \quad [= \kappa_1(v_1 - u)] .$$

Daraus wird bei totaler Sperrung des Abflusses mit $v_2 = 0$ und $\kappa_2 = \kappa_{max}$

$$\lambda' = \kappa_{max} u \; .$$

Weil danach also

$$u = \frac{\lambda'}{\kappa_{max}}$$

ist, ergibt sich, wie Abb. II.77b zeigt, λ' als Schnittpunkt der verlängerten Geraden $\overline{(\lambda_1, \kappa_1), (\lambda_2 = 0, \kappa_2 = \kappa_{max})}$ mit der Ordinate des Fundamentaldiagramms.

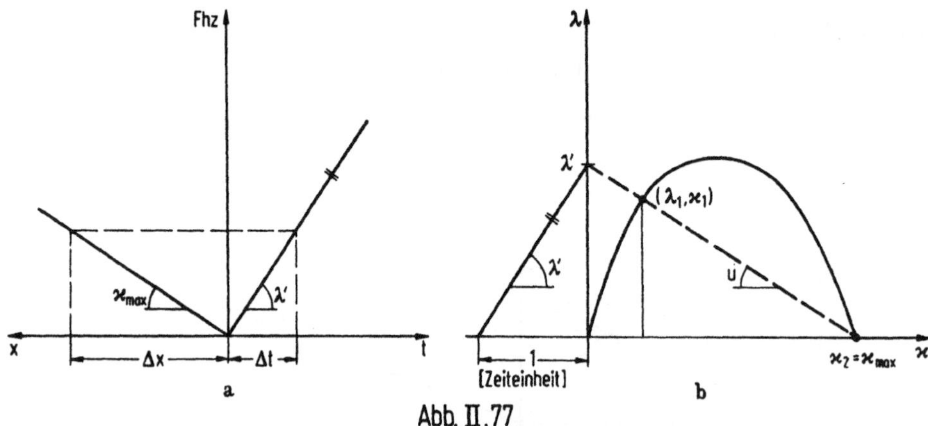

Abb. II.77

Setzt man zunächst Stationarität des Zuflusses über die Zeit voraus, so erhält man aus $N = \lambda' \Delta t$ die Menge der Fahrzeuge, die während Δt in den Stau hineingefahren sind (um die der Stau während Δt gewachsen ist; siehe Abb. 77a). Zur graphischen Konstruktion dieses Rechenschrittes ist es erforderlich, entsprechend Abb. II.77b die Strecke λ' in den Winkel λ' umzuformen und die zugehörige Gerade nach Abb. II. 77a parallel zu verschieben.

Über $\kappa_{max} = N/\Delta x$ erhält man im linken Quadranten der Abb. II.77a dann die Länge Δx des Staus am Ende des Zeitintervalls Δt. (Umgekehrt läßt sich entsprechend das Intervall Δt bestimmen, das vergeht, bis der Stau einen bestimmten Punkt x erreicht.) Wegen des durch $\kappa_{max} = $ const angenommenen linearen Zusammenhangs zwischen N und Δx kann zur Vereinfachung auf den linken Quadranten der Abb. II.77a verzichtet werden, wenn die Ordinate zusätzlich mit einer entsprechenden Streckenskala versehen wird (Abb. II.78, oberer Quadrant).

Abb. II.79 stellt das Wachsen des Staus mit der Geschwindigkeit u (immer noch Stationarität vorausgesetzt) über der x-t-Ebene dar. Aus dieser Abbildung wird deutlich, daß man den Zwischenschritt über λ' ersparen und das Anwachsen des Staus (mit entsprechender Doppel-Skalierung der Ordinate; siehe oben) direkt aus der Kenntnis von u in der x-t-Ebene beschreiben kann (Abb. II.78, unterer Quadrant).

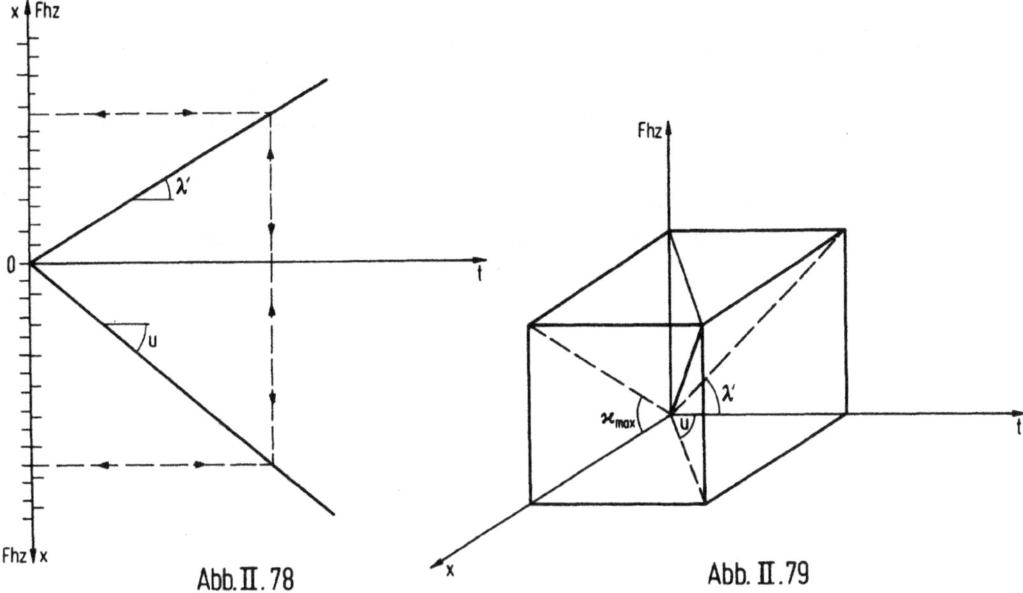

Abb. II. 78

Abb. II.79

In der Regel ist der Zufluß instationär über der Zeit. Setzt man Konstanz des Fundamentaldiagramms über den Weg voraus, so bleibt die graphische Lösung anwendbar, wenn man (in meist zulässiger Annäherung) wenigstens abschnittsweise Stationarität des Zuflusses über der Zeit annimmt. Abb. II.80 illustriert ein Beispiel.

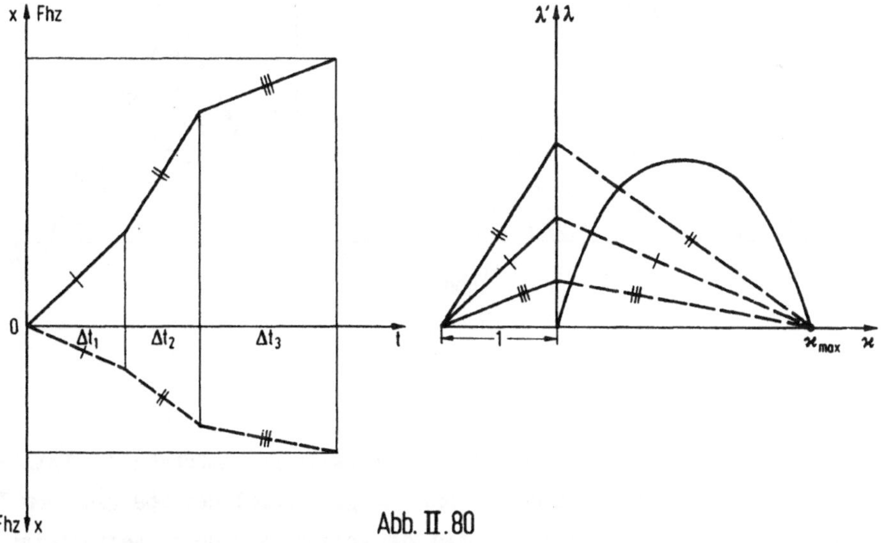

Abb. II.80

Nach einer Zeit T sei die Ursache für die Sperrung des Abflusses beseitigt. Nimmt man an, der Abfluß erfolge mit λ_3(z.B. mit $\lambda_3 = \lambda_{max}$; auf die Problematik dieser Annahme soll hier nicht weiter eingegangen werden), so läßt sich mit

$$u' = \frac{\lambda_3}{\kappa_3 - \kappa_{max}}$$

der Abbau des Staus entsprechend konstruieren. Abb. II.81 zeigt ein Beispiel, in dem λ_1 und λ_3 als stationär und $\lambda_3 > \lambda_1$ angenommen sind. Die dargestellten Bewegungslinien der einzelnen Fahrzeuge illustrieren den der Theorie zugrundeliegenden übergangslosen Wechsel der Geschwindigkeiten. Außerdem sieht man, daß unter den angegebenen Bedingungen nach Abbau des Staus eine Stoßwelle verbleibt, jedenfalls so lange, bis die abfließenden Fahrzeuge (entgegen der Annahme im Beispiel) wieder von v_3 auf v_1 beschleunigt haben, wie es für das erste abfließende Fahrzeug gestrichelt angedeutet ist.

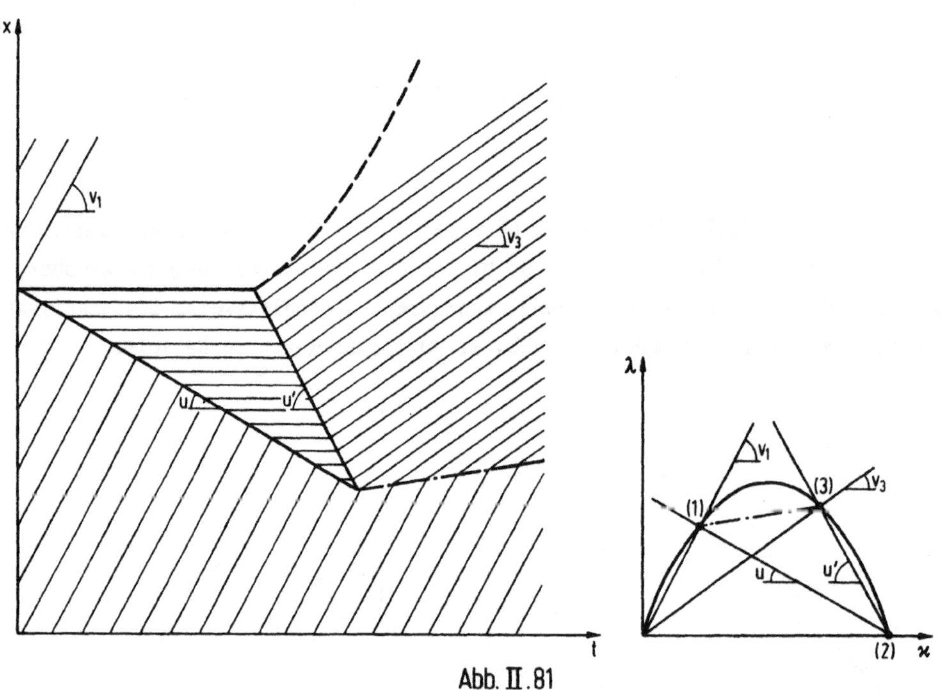

Abb. II.81

Abb. II.82 zeigt aus Beobachtungen auf einer amerikanischen Autobahn das Entstehen eines "Staus aus dem Nichts" sowie dessen Auflösung. Sowohl der Übergang vom Zufluß zum Stau als auch der Übergang vom Stau zum Abfluß wird durch geradlinige Stoßwellen gebildet. Diese haben aber unterschiedliche Neigungen, weil in aller Regel die Verzögerung größer ist als die anschließende Beschleunigung. Dadurch begrenzen die beiden Stoßwellen den Stau in Form einer sich so lange keilförmig ausbreitenden Fläche, bis eine verringerte Zuflußintensität einen Abbau des Staus ermöglicht.

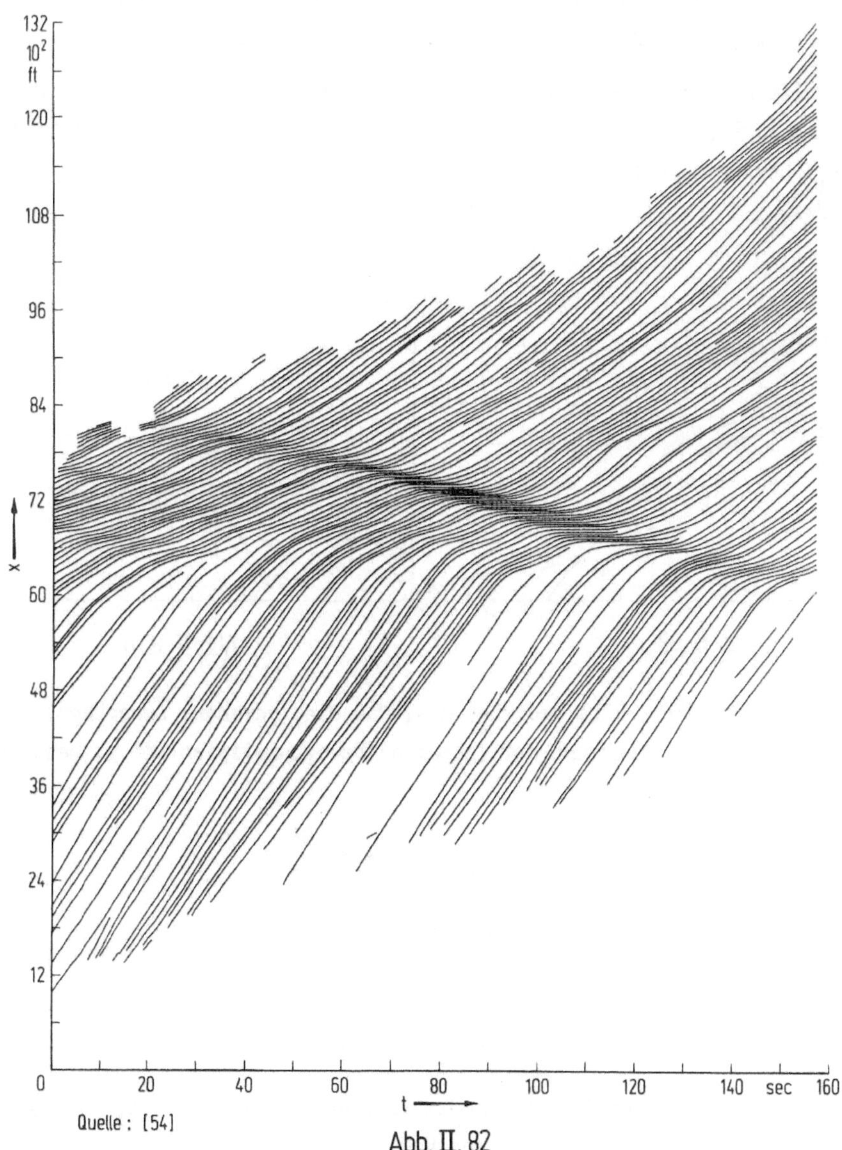

Abb. II. 82

3.3.3.3 Dichtewellen

Für die Kontinuitätsgleichung in Form der Gl. (II.143) sind Geraden, die man aus Gl. (II.145) zu

$$x = \int c\,dt + C = ct + x_0$$

erhält (x_0 ist ihr Schnittpunkt mit der x-Achse), Lösungen, längs denen κ (und das zugehörige λ und v) konstant sind. Man nennt sie Charakteristiken oder auch Dichtewellen. Wie ebenfalls aus Gl. (II.145) ersichtlich, wird ihre Steigung c bestimmt durch die Tangente an die Kurve $\lambda = \lambda(\kappa)$ in einem Punkt (λ,κ); sie gibt die Geschwindigkeit an, mit der sich Dichtewellen in der x-t-Ebene fortbewegen.

Eine Dichtewelle kann als Stoßwelle bei genügend kleiner Zustandsänderung interpretiert werden: rückt, wie Abb. II.83a zeigt, ein Punkt (λ_2,κ_2) genügend nahe an den Punkt (λ_1,κ_1) heran, so wird aus der Sekante mit $u = \Delta\lambda/\Delta\kappa$ die Tangente an (λ_1,κ_1) mit $c = d\lambda/d\kappa$.

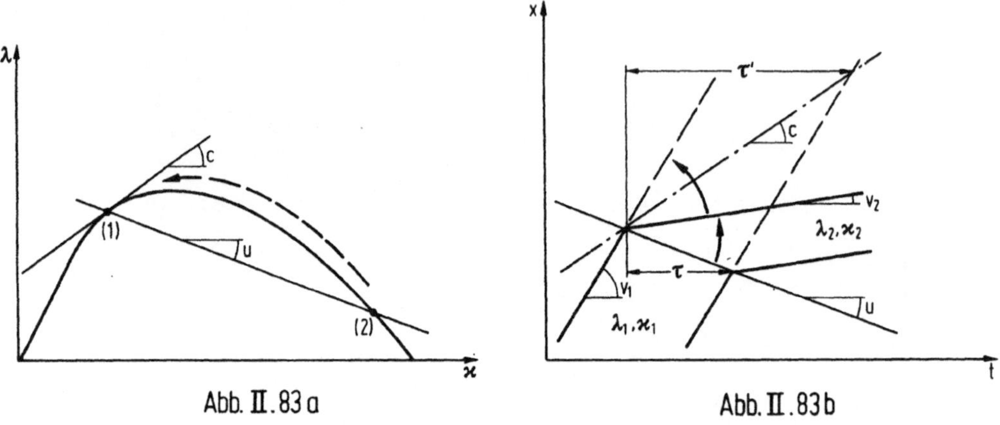

Im Zeit-Weg-Diagramm (Abb. 83b) bedeutet das, daß die (geraden) Bewegungslinien mit v_2 immer näher an die Fortsetzung der (geraden) Bewegungslinien mit v_1 heranrücken. Damit wird aus

$$\tau = \frac{1}{\lambda_i - u\kappa_i} = \frac{1}{\kappa_i(v - u)} = \frac{\Delta x_i}{v - u}$$

wegen

$$\lim_{\Delta\kappa \to 0} u = c$$

$$\tau' = \frac{\Delta x_1}{v - c} = \frac{1}{\kappa_1(v - c)} = \frac{1}{\lambda_1 - c\kappa_1} \; .$$

τ' ist demnach der Zeitabstand, mit dem die Fahrzeuge im Zustand (λ_1,κ_1) nacheinander eine Dichtewelle durchfahren. Veranschaulichen läßt sich das nicht.

Abb. II.84 stellt alle aus einer Kurve $\lambda(\kappa)$ ablesbaren Geschwindigkeiten noch einmal zusammen.

Aus der Zustandsgleichung $\lambda = v\kappa$ mit $v = v(\kappa)$ (vgl. Abschn. II.2.5.3.3) wird

$$c = \frac{d\lambda}{d\kappa} = v + \kappa \frac{dv}{d\kappa} \; . \tag{II.147}$$

Weil $v = v(\kappa)$ mit zunehmender Dichte monoton abnimmt (vgl. Abschn. II.2.5.3.2), ist $dv/d\kappa \le 0$ (wobei das Gleichheitszeichen für den Bereich der freien Geschwindigkeit $v = v_w$ gilt) und folglich $c \le v$.

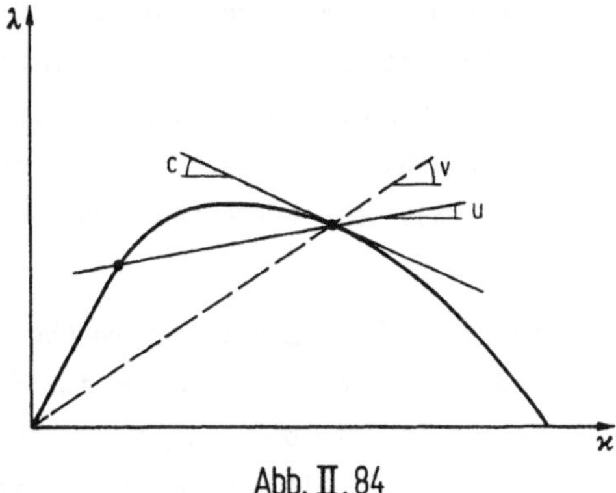

Abb. II.84

Die Geschwindigkeit der Dichtewellen ist also außer im Bereich freien Verkehrs, für den die Kontinuumstheorie ohnehin eine nur grobe Näherung darstellt, stets kleiner als die Geschwindigkeit des Verkehrsstroms. Dabei illustrieren die Tangenten an $\lambda(\kappa)$, daß sich Dichtewellen für $v < v_{opt}$ mit dem Strom und für $v > v_{opt}$ gegen den Strom bewegen. Für $v = v_{opt}$ hat die Dichtewelle die Geschwindigkeit null: sie "steht".

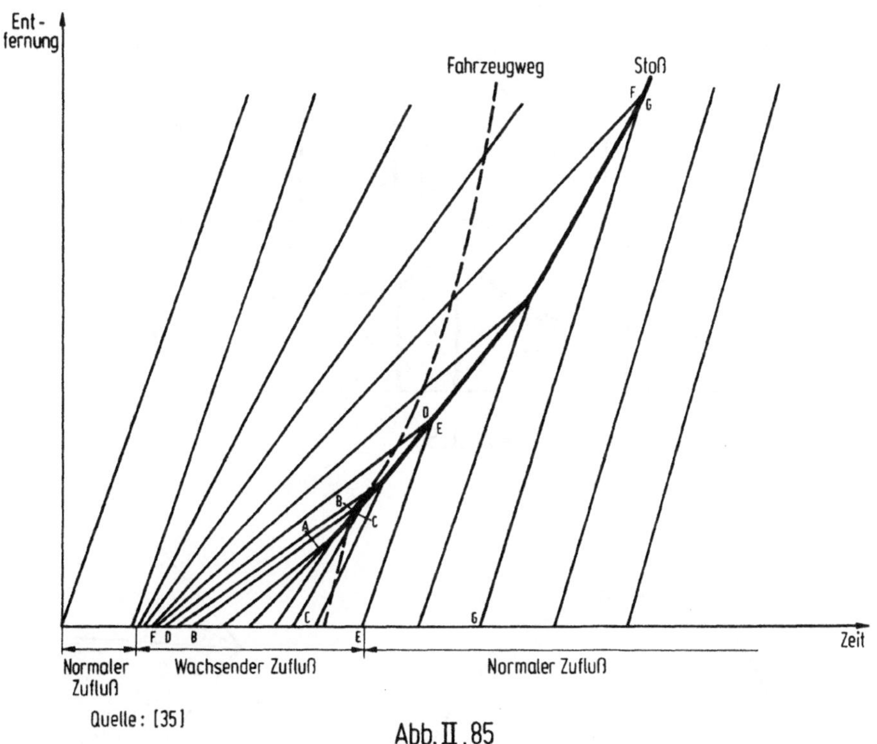

Abb. II.85

Im Bereich stationären Verkehrs verlaufen die Dichtewellen parallel. Ist aber $\kappa = \kappa(t)$ über die Zeit instationär, und nimmt die Konzentration ab, so holen Wellen geringerer Konzentration (mit höherer Wellengeschwindigkeit) Wellen größerer Konzentration (mit geringerer Wellengeschwindigkeit) ein. Im Schnittpunkt der beiden entsprechenden Geraden ändern sich sowohl die Konzentration als auch die Geschwindigkeit (nach der Theorie sprunghaft; vgl. Abb. II.62): man spricht von einem D i c h t e s t o ß (Abb. II.85). Die Geschwindigkeit der Stoßwellen wurde aber bereits zu $u = \Delta\lambda/\Delta\kappa$ errechnet.

Wäre an einem Querschnitt x_0 der Verlauf der Konzentration über die Zeit bekannt (Ganglinie der Konzentration) und kennt man aus Messungen für diesen Querschnitt auch das Fundamentaldiagramm, so ist es, wie oben dargelegt, nach der Kontinuumstheorie möglich, für jede Konzentration zu einem bestimmten Zeitpunkt in der x-t-Ebene eine Gerade zu zeichnen, längs der die Konzentration konstant ist. Dort, wo sich solche Geraden schneiden, entstehen Dichtestöße, deren Geschwindigkeit sich ebenfalls konstruieren läßt. Ist dergestalt die x-t-Ebene mit einer Schar Linien jeweils gleicher Konzentration gefüllt, so läßt sich (die Gültigkeit ein und desselben Fundamentaldiagramms über die betrachtete Strecke und damit nach Abschn. II.3.1.1 auch über die Zeit vorausgesetzt) für jeden anderen Querschnitt x errechnen bzw. direkt ablesen, wie dort der Verlauf der Konzentration über die Zeit sein müßte, wenn die Kontinuumstheorie gilt (Abb. II.86 und II.87).

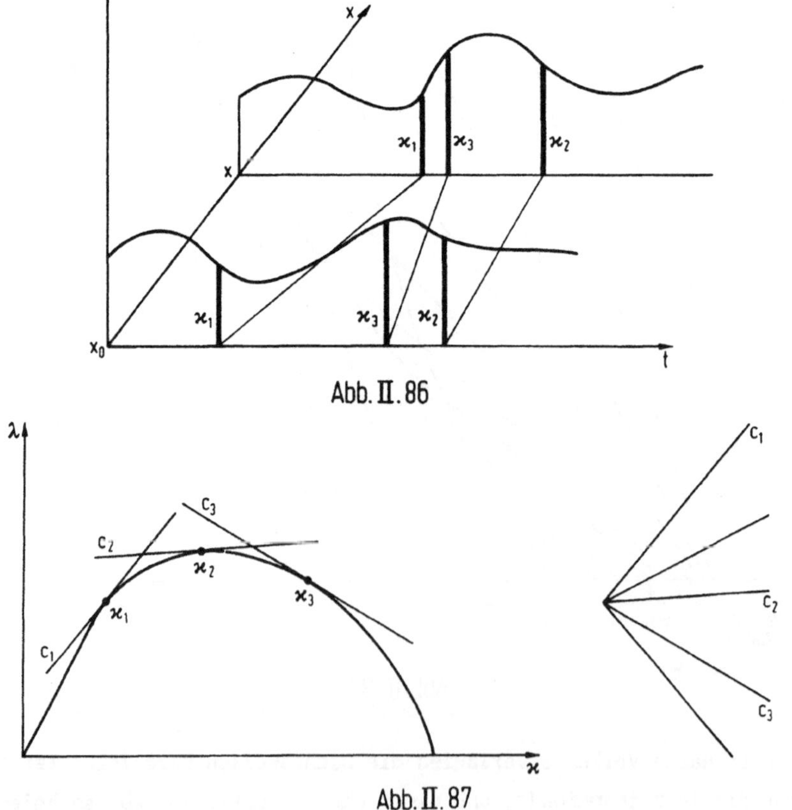

Abb. II.86

Abb. II.87

(Ähnliche Betrachtungen lassen sich grundsätzlich auch anstellen, wenn man den Verlauf der Konzentration zu einem bestimmten Zeitpunkt längs einer bestimmten Wegstrecke zum Ausgangspunkt nimmt, wie das beispielsweise mittels Luftbildaufnahmen denkbar wäre. Jedoch erfordert die Kontinuumstheorie wegen des zufälligen Charakters des Verkehrsstroms im allgemeinen erhebliche Zusammenfassungen in der Zeit oder auch im Raum. Eine Aufnahmetechnik, die ausreichend lange Wegabschnitte mit ausreichend dichtem Verkehr zu erfassen gestattet, dürfte daher Schwierigkeiten bereiten.)

Eine Überprüfung der Voraussagbarkeit des Verkehrsablaufs macht wegen der Problematik, den Zusammenhang zwischen λ und κ gerade im Bereich $v > v_{opt}$ genügend zuverlässig zu bestimmen, praktisch jedoch erhebliche Schwierigkeiten.

Ist $\kappa = \kappa(x)$ instationär über den Weg, so ist auch c eine Funktion der Konzentration und des Weges: $c = c(\kappa,x)$. Dann bewegen sich die Dichtewellen nicht geradlinig, sondern längs Kurven:

$$\frac{dx}{dt} = c(\kappa,x) = \frac{\delta\lambda(\kappa,x)}{\delta\kappa(x)}$$

$$t = \int_0^x \frac{dx}{c(\kappa,c)} + C = \int_0^x \frac{\delta\kappa(x)}{\delta\lambda(\kappa,x)}dx + C$$

oder, wenn κ wenigstens abschnittsweise konstant ist, längs Geradenzügen:

$$t = \sum_{i=1}^n \frac{\Delta x_i}{c(\kappa,\Delta x_i)} + C \ .$$

C ist dabei durch den Schnittpunkt der Dichtewelle mit der t-Achse bei x = 0 gegeben.

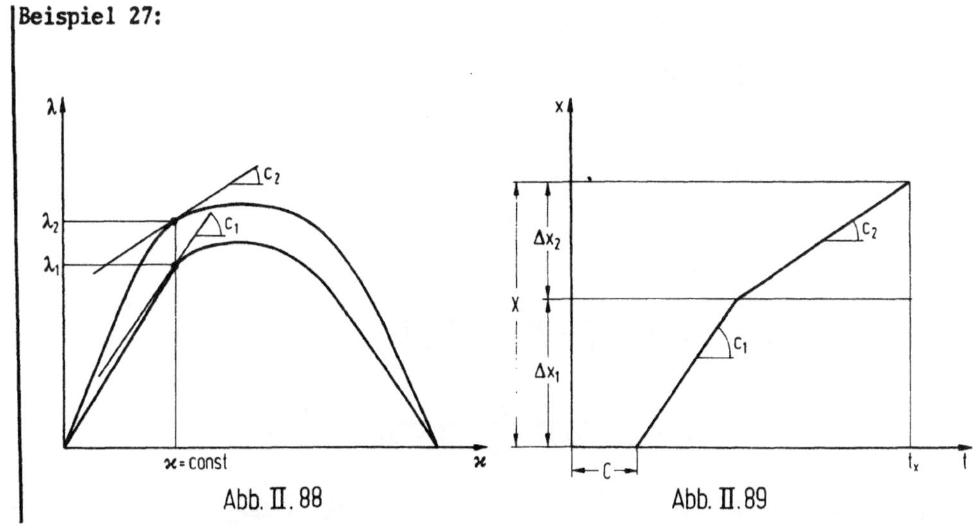

Abb. II.88   Abb. II.89

1. Eine Wegstrecke X möge aus zwei verschiedenen Abschnitten Δx_1 und Δx_2 bestehen. Für jeden dieser Abschnitte gelte ein bestimmtes Fundamentaldiagramm $\lambda' = \lambda'(k)$ bzw. $\lambda'' = \lambda''(k)$ (Abb. II.88). κ sei konstant. Dann wird (Abb. II.89)

$$t_x = C + \frac{\Delta x_1}{c_1} + \frac{\Delta x_2}{c_2} .$$

2. Es sei $\lambda = \lambda(\kappa,x)$ in geschlossener Form gegeben. Ist

$$\lambda(\kappa,x) = - \alpha\kappa(\kappa - \kappa_{max})$$

eine Parabel mit

$$\alpha = \frac{4\lambda_{max}(x)}{\kappa_{max}^2} ,$$

deren Scheitel λ_{max} über x linear abnimmt (Abb. II.90),

$$\lambda_{max}(x) = \lambda_{max}(x_0) - ax ,$$

dann ist $\alpha = \alpha(x)$ und

$$c(\kappa,x) = \frac{\delta\lambda}{\delta\kappa} = - \alpha(x)(2\kappa - \kappa_{max}) .$$

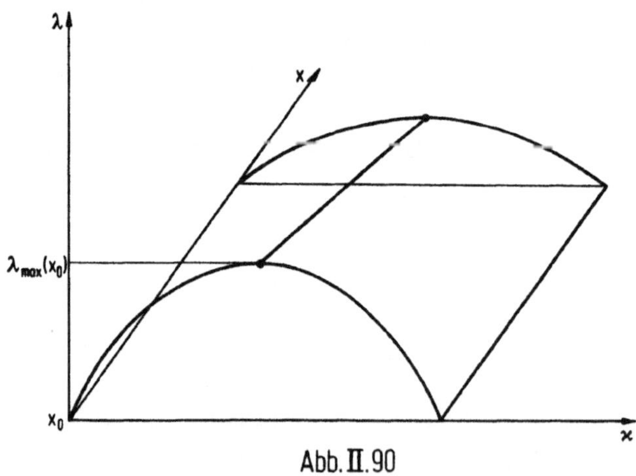

Abb. II.90

$$\frac{\delta\kappa}{\delta\lambda} = \frac{1}{\alpha(x)(\kappa_{max} - 2\kappa)} = \frac{\kappa_{max}^2}{4\lambda_{max}(\kappa_{max} - 2\kappa)}$$

$$= \frac{\kappa_{max}^2}{4(\kappa_{max} - 2\kappa)(\lambda_{max}(x_0) - ax)} = \frac{b}{d + ex}$$

mit $b = \kappa_{max}^2$; $d = 4\lambda_{max}(x_0)(\kappa_{max} - 2\kappa)$; $e = 8a\kappa - 4a\kappa_{max}$.

Weil

$$\int \frac{dx}{d + ex} = \frac{1}{e} \ln(d + ex) + C$$

für $(d + ex) > 0$, ist

$$t = \int_0^x \frac{\delta \kappa}{\delta \lambda}\, dy = \int_0^x \frac{b\, dy}{d + ey} = \frac{b}{e} \ln(d + ey)\Big|_0^x = \frac{b}{e}[\ln(d + ex) - \ln d]\ .$$

Abb. II.91 zeigt den Verlauf der Dichtewelle für ein Zahlenbeispiel mit $k_{max} = 175$ Fhz/km, $q_{max}(x_0) = 1500$ Fhz/h, $k = 50$ Fhz/km und $a = 300$ Fhz/km h.

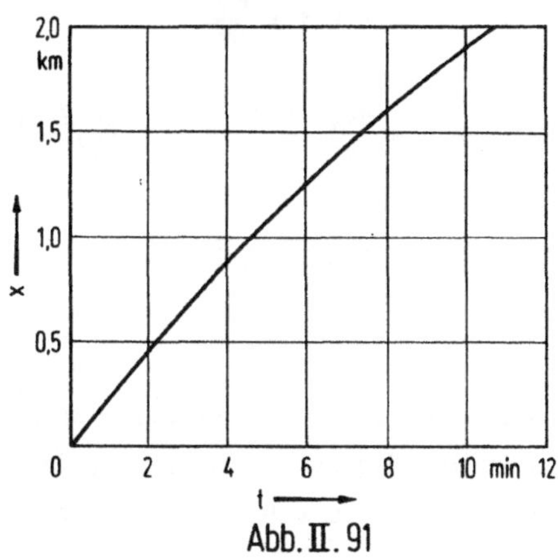

Abb. II. 91

3.3.3.4 Formen des Fundamentaldiagramms II

In Abschn. 3.3.1.4.2 wurde gezeigt, wie verschiedene Kombinationen der Exponenten m und 1 in der (mikroskopischen) allgemeinen Fahrzeugfolgegleichung (Gl. (II.125)) die Form der (makroskopischen) Funktion $v = v(k)$ und damit der Funktion $q = q(k)$ bestimmen. Im folgenden wird die Kontinuitätsgleichung zur Beschreibung unterschiedlicher Formen des Fundamentaldiagramms mit herangezogen.

Es sei v eine Funktion von x und t:

$$v = v(x,t)\ .$$

Dann ist die totale Ableitung nach der Zeit

$$\frac{dv}{dt} = \frac{\delta v}{\delta x}\frac{dx}{dt} + \frac{\delta v}{\delta t} = v\frac{\delta v}{\delta x} + \frac{\delta v}{\delta t}\ .$$

Weil aber auch

$$v = v(\kappa)$$

ist, wird

$$\frac{\delta v}{\delta x} = \frac{dv}{d\kappa}\frac{\delta \kappa}{\delta x}$$

und

$$\frac{\delta v}{\delta t} = \frac{dv}{d\kappa}\frac{\delta \kappa}{\delta t}\ .$$

Damit wird

$$\frac{dv}{dt} = v\,\frac{dv}{d\kappa}\,\frac{\delta\kappa}{\delta x} + \frac{dv}{d\kappa}\,\frac{\delta\kappa}{\delta t}\,.$$

Setzt man aus der Kontinuitätsgleichung

$$\frac{\delta\kappa}{\delta t} = -\,c\,\frac{\delta\kappa}{\delta x}$$

ein, erhält man

$$\frac{dv}{dt} = (v - c)\,\frac{dv}{d\kappa}\,\frac{\delta\kappa}{\delta x}\,.$$

Mit Gl. (II.147)

$$c = v + \kappa\,\frac{dv}{d\kappa}$$

wird schließlich

$$\frac{dv}{dt} = (v - v - \kappa\,\frac{dv}{d\kappa})\,\frac{dv}{d\kappa}\,\frac{\delta\kappa}{\delta x} = -\,\kappa(\frac{dv}{d\kappa})^2\,\frac{\delta\kappa}{\delta x}$$

oder, mit

$$-\,\kappa(\frac{dv}{d\kappa})^2 = F$$

$$\frac{dv}{dt} = F\,\frac{\delta\kappa}{\delta x}\,. \qquad\qquad\qquad (II.148)$$

Die Gleichung stellt die Beschleunigung der Fahrzeuge im Strom als Funktion der Änderung der Konzentration über den Weg dar. Sie zeigt, daß wegen $(dv/d\kappa)^2$ das Vorzeichen dieser Beschleunigung nicht von $v = v(\kappa)$, sondern von $\delta\kappa/\delta x$ abhängt:

ist $\frac{\delta\kappa}{\delta x} < 0$, bewegt sich der Strom also aus einem Bereich höherer Konzentration in
einen Bereich niedriger Konzentration, ist die Beschleunigung positiv,

ist $\frac{\delta\kappa}{\delta x} > 0$, bewegt sich der Strom also aus einem Bereich niedriger Konzentration in
einen Bereich höherer Konzentration, ist die Beschleunigung negativ
(die Fahrzeugführer müssen bremsen),

ist $\frac{\delta\kappa}{\delta x} = 0$, ist also die Konzentration stationär über den Weg, ist die Beschleunigung null: dann ist auch die Geschwindigkeit des Stroms stationär (vgl.
Abschn. II.3.1.1).

Für $\kappa = \kappa(x)$ sind also nicht nur die Bewegungslinien der Dichtewellen, sondern auch die Bewegungslinien der Fahrzeuge Kurven statt Geraden.

Weil F von $dv/d\kappa$ abhängt, entspricht jedem $v(\kappa)$ und damit auch jedem $\lambda(\kappa) = \kappa v(\kappa)$ ein bestimmter Wert von F. Zwei Beispiele mögen das illustrieren:

1. Für

$$v = v_{opt}\,\ln\frac{\kappa_{max}}{\kappa}$$

(vgl. Gl. (II.129)) ist

$$\frac{dv}{d\kappa} = \frac{v_{opt}}{\kappa}$$

und damit

$$F = - \frac{v_{opt}^2}{\kappa} .$$

Damit wird

$$\frac{dv}{dt} = - \frac{v_{opt}^2}{\kappa} \frac{\delta \kappa}{\delta x} .$$

Das aber ist die Bewegungsgleichung einer eindimensionalen Flüssigkeit mit dem Zustandsparameter v_{opt}. Dieser Fall entspricht (vgl. Abschn. II.3.3.1.4) dem allgemeinen Fahrzeugfolgemodell mit m = 0, l = 1.

2. Für

$$v = v_w (1 - \frac{\kappa}{\kappa_{max}})$$

(vgl. Gl. (II.131)) ist

$$\frac{dv}{d\kappa} = - \frac{v_w}{\kappa_{max}}$$

und damit

$$F = - \kappa \frac{v_w^2}{\kappa_{max}^2} .$$

Das entspricht dem allgemeinen Fahrzeugfolgemodell mit m = 0, l = 2 (vgl. Abschn. II.3.3.1.4).

Bildet man nicht die totale, sondern die partielle Ableitung der Geschwindigkeit nach der Zeit

$$\frac{\delta v}{\delta t} = \frac{dv}{d\kappa} \frac{\delta \kappa}{\delta t}$$

oder mit

$$\frac{\delta \kappa}{\delta t} = - c \frac{\delta \kappa}{\delta x}$$

$$\frac{\delta v}{\delta t} = - c \frac{dv}{d\kappa} \frac{\delta \kappa}{\delta x}$$

so erhält man die Beschleunigung des Stroms (oder eines Fahrzeugs des Stroms), wie sie von einem Beobachter lokal an einem bestimmten Querschnitt beobachtet wird. Sie ist von $v(\kappa)$ abhängig: ist $dv/d\kappa = 0$, so ist sie null. Das gilt für $v = v_w$.

Weil überall sonst $dv/d\kappa$ negativ ist, bestimmen die Vorzeichen von c und $\delta \kappa / \delta x$ ihr Vorzeichen. Es kann positiv oder negativ sein, außer, es ist c = 0 bei $v = v_{opt}$. Dann ist die lokal beobachtete Beschleunigung ebenfalls null.

Setzt man

$$- c \frac{dv}{d\kappa} = G$$

so ist

$$G = - (v + \kappa \frac{dv}{d\kappa}) \frac{dv}{d\kappa} = - v \frac{dv}{d\kappa} - \kappa (\frac{dv}{d\kappa})^2 = F - v \frac{dv}{d\kappa} .$$

Damit wird

$$\frac{\delta v}{\delta t} = G \frac{\delta \kappa}{\delta x} \ .$$

(II.149)

3.3.3.5 Verallgemeinerungen der Kontinuumstheorie

Die Kontinuumstheorie in ihrer bisher besprochenen Form beinhaltet auch bei ihrer
Eingrenzung auf den Zustand der Kolonnenfahrt einige offensichtlich nicht mit der
Wirklichkeit übereinstimmende Annahmen.

1. Sie nimmt an, daß Geschwindigkeitswechsel beim Durchfahren einer Stoßwelle momentan erfolgen (vgl. Abb. II.62); sie vernachlässigt also sowohl Reaktionszeiten
im weitesten Sinn als auch die für positive oder negative Beschleunigungen erforderliche Zeit.

2. Sie nimmt an, daß auf Änderungen der Konzentration erst reagiert wird, wenn der
Bereich veränderter Konzentration erreicht ist; sie vernachlässigt also, daß die
Fahrzeugführer Änderungen der Konzentration vorher erkennen und vorsorglich darauf
reagieren können.

3. Instabilitäten lassen sich mit ihr nicht erklären.

Eine erste Erweiterung der Theorie besteht daher in der Annahme, daß die Intensität nicht nur von der Konzentration, sondern auch von deren Änderung über den Weg
abhängt:

$$\lambda = \lambda(\kappa, \frac{\delta \kappa}{\delta x}) \ .$$

Dann ist

$$\frac{\delta \lambda}{\delta x} = \frac{\delta \lambda}{\delta \kappa} \frac{\delta \kappa}{\delta x} + \frac{\delta \lambda}{\delta(\frac{\delta \kappa}{\delta x})} \frac{\delta(\frac{\delta \kappa}{\delta x})}{\delta x} = c \frac{\delta \kappa}{\delta x} + \mu \frac{\delta^2 \kappa}{\delta x^2} \ .$$

Setzt man das in die Kontinuitätsgleichung ein, erhält man

$$\frac{\delta \kappa}{\delta t} + c \frac{\delta \kappa}{\delta x} + \mu \frac{\delta^2 \kappa}{\delta x^2} = 0$$

(II.150)

$$\frac{\delta \kappa}{\delta t} + c \frac{\delta \kappa}{\delta x} = - \mu \frac{\delta^2 \kappa}{\delta x^2} \ .$$

Das ist der Typ einer Diffusionsgleichung; μ heißt der Diffusionskoeffizient. Er
berücksichtigt die Vorhersehbarkeit der Änderung der Konzentration. Mit $\mu = 0$ verschwindet das "Störglied"; die Diffusionsgleichung geht in die ursprüngliche Kontinuitätsgleichung über.

Die Stabilitätseigenschaften dieser Gleichung können mit folgendem Ansatz untersucht werden:

$$\kappa(x,t) = \kappa_0 e^{i\beta(x-ct)} \tag{II.151}$$

mit c = komplexe Wellengeschwindigkeit; β = (reelle) Wellenzahl = $2\pi/L$ (L = Wellen-
länge).

Die Wellengeschwindigkeit c setzt sich aus zwei Anteilen zusammen

$$c = c_p + ic_t \; . \tag{II.152}$$

Dabei ist c_p die physikalische Geschwindigkeit der Welle (= Phasengeschwindigkeit)
und c_t das Maß für die Änderung der Amplitude über die Zeit. Gl. (II.151) beschreibt einen über die Zeit und über den Weg wellenförmigen Verlauf der Konzentration.

Zur Untersuchung der Stabilität werden häufig harmonische Erregerfunktionen verwen-
det. Wegen

$$\kappa(x,t) = \kappa_0(\cos \beta(x - ct) + i \sin \beta(x - ct)) = \kappa_0 e^{i\beta(x-ct)}$$

wurde statt der trigonometrischen Form die Exponentialform eingeführt. Bei der
Stabilitätsuntersuchung wird dann nur der Realteil betrachtet.

Aus Gl. (II.151) wird durch Einsetzen von Gl. (II.152)

$$\kappa(x,t) = \kappa_0 e^{i\beta(x-(c_p+ic_t)t)} = \kappa_0 e^{i\beta(x-c_p t)} \, e^{\beta c_t t} \; . \tag{II.153}$$

Gl. (II.153) ermöglicht wegen der Trennung des Exponenten in einen Real- und in einen Imaginärteil die Untersuchung des Stabilitätsverhaltens von Gl. (II.150).

Stabilität herrscht dann, wenn gilt

$$\beta c_t < 0$$

(Abb. 92a).
Instabilität herrscht dann, wenn gilt

$$\beta c_t > 0$$

(Abb. 92b).

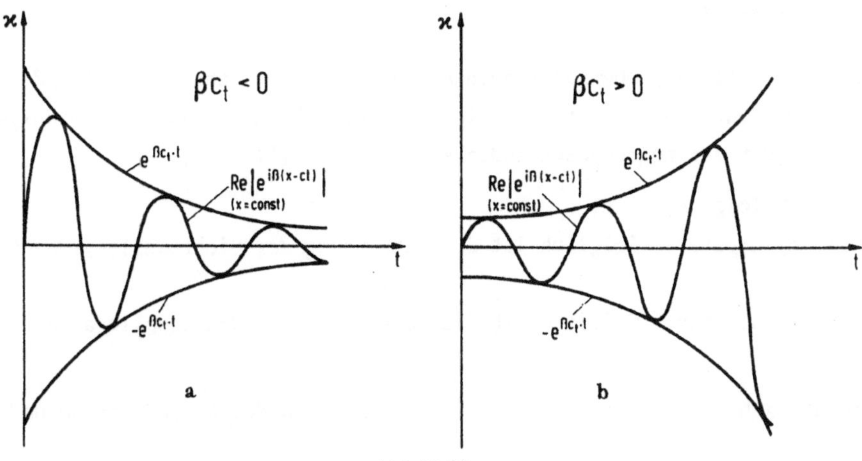

Abb. II.92

Für

$$\beta c_t = 0$$

ändert sich die Größe der Amplitude nicht.

Weil β nur positive Werte annehmen kann, wird das Stabilitätsverhalten also von c_t beeinflußt.

Aus

$$\kappa(x,t) = \kappa_0 e^{i\beta(x-c_p t)} e^{\beta c_t t}$$

folgt

$$\frac{\delta\kappa}{\delta t} = (\beta c_t - i\beta c_p)(e^{(\beta c_t - i\beta c_p)t + i\beta x}) \, ,$$

$$\frac{\delta\kappa}{\delta x} = i\beta e^{(\beta c_t - i\beta c_p)t + i\beta x} \, ,$$

$$\frac{\delta^2\kappa}{\delta x^2} = - \beta^2 e^{(\beta c_t - i\beta c_p)t + i\beta x} \, .$$

Einsetzen dieser Ableitungen in Gl. (II.150) liefert

$$\beta c_t - i\beta c_p + i\beta c - \mu\beta^2 = 0$$

bzw.

$$- i\beta(c_p - c) + \beta c_t - \mu\beta^2 = 0 \, . \tag{II.154}$$

Setzt man hierin μ gleich null, so wird daraus

$$- i\beta(c_p - c) + \beta c_t = 0 \, .$$

Dieser Ausdruck kann nur null werden, wenn Imaginärteil und Realteil zu null werden. Dann aber gilt: $c_p = c$ und $c_t = 0$.

Man erhält also nicht nur, wie bereits erwähnt, mit $\mu = 0$ aus Gl. (II.150) die ursprüngliche Kontinuitätsgleichung ($c_p = c$); vielmehr beschreibt diese Kontinuitätsgleichung mit dem Ansatz in Form der Gl. (II.151) die Schwingung einer ungedämpft stabilen Dichtewelle, weil mit $\mu = 0$ auch $c_t = 0$ wird. Eine solche Welle nennt man eine kinematische Welle.

Für $\mu \neq 0$ kann Gl. (II.154) ebenfalls auch nur null werden, wenn Realteil und Imaginärteil null werden: aus $c_p - c = 0$ folgt $c_p = c$, d.h. die Phasengeschwindigkeit der Welle entspricht der Wellengeschwindigkeit c in Gl. (II.150).

Aus $\beta c_t - \mu\beta^2 = 0$ folgt $c_t = \mu\beta$.
Für $\mu < 0$ wird c_t negativ. Folglich ist die Schwingung der Dichtewelle gedämpft stabil.
Für $\mu > 0$ wird c_t positiv. Folglich ist die Schwingung der Dichtewelle angefacht; d.h. instabil.

Nimmt man zusätzlich an, daß die Intensität nicht nur von der Konzentration und ihrer Änderung über den Weg, sondern auch von deren Änderung über die Zeit abhängt,

$$\lambda = \lambda(\kappa, \frac{\delta\kappa}{\delta t}, \frac{\delta\kappa}{\delta x}) \ ,$$

dann ist

$$\frac{\delta\lambda}{\delta x} = \frac{\delta\lambda}{\delta\kappa}\frac{\delta\kappa}{\delta x} + \frac{\delta\lambda}{\delta(\frac{\delta\kappa}{\delta x})}\frac{\delta(\frac{\delta\kappa}{\delta x})}{\delta x} + \frac{\delta\lambda}{\delta(\frac{\delta\kappa}{\delta t})}\frac{\delta(\frac{\delta\kappa}{\delta t})}{\delta x} = c\frac{\delta\kappa}{\delta x} + \mu\frac{\delta^2\kappa}{\delta x^2} + \nu\frac{\delta^2\kappa}{\delta t\delta x} \ .$$

Setzt man das in die Kontinuitätsgleichung ein, erhält man

$$\frac{\delta\kappa}{\delta t} + c\frac{\delta\kappa}{\delta x} + \mu\frac{\delta^2\kappa}{\delta x^2} + \nu\frac{\delta^2\kappa}{\delta t\delta x} = 0 \ . \tag{II.155}$$

Durch ν wird der Zeitverzögerung der Reaktion auf eine Änderung der Konzentration Rechnung getragen.

Setzt man auch hier

$$\kappa(x,t) = e^{i\beta(x-c_p t)} \ e^{\beta c_t t}$$

so wird zusätzlich

$$\frac{\delta^2\kappa}{\delta t\delta x} = (\beta c_t - i\beta c_p)i\beta e^{(\beta c_t - i\beta c_p)t + i\beta x} \ .$$

Damit und mit den vorher errechneten partiellen Ableitungen von κ wird Gl. (II.155) zu

$$\beta c_t - i\beta c_p + i\beta c - \mu\beta^2 + i\nu\beta(\beta c_t - i\beta c_p) = 0 \ .$$

Daraus wird

$$\beta c_t - i\beta c_p = \frac{\beta^2(\mu - c\nu) - i\beta(c + \nu\mu\beta^2)}{1 + \nu\beta^2} \ .$$

Ob $\beta c_t \gtrless 0$ ist, hängt demnach von dem Ausdruck $(\mu - c\nu)$ ab: wenn die Amplitude einer Welle mit der Zeit abnehmen soll, muß $c > \mu/\nu$ sein, weil $\beta c_t < 0$ sein muß. Wenn die Amplitude einer Welle mit der Zeit wachsen soll, muß $c < \mu/\nu$ sein, weil $\beta c_t > 0$ sein muß. Für $c = \mu/\nu$ bleibt die Amplitude der Welle konstant; es liegt wieder der Fall einer kinematischen Welle entsprechend der ursprünglichen Kontinuitätsgleichung vor.

Die Verallgemeinerungen der ursprünglichen Kontinuitätsgleichung sind vor allem nützlich, um zu erklären, warum in Abschn. II.3.3.3.3 die Linien gleicher Dichte Dichte w e l l e n genannt worden sind. Ob man mit Hilfe der verallgemeinerten Kontinuitätsgleichung darüberhinaus beobachtete Instabilitäten im Verkehrsstrom quantitativ sinnvoll beschreiben kann, muß zum gegenwärtigen Zeitpunkt noch dahingestellt bleiben.

Literaturverzeichnis

Zu Kapitel I

Allgemein

1 Potthoff, G.: Verkehrsströmungslehre 3.Bd., Berlin: Transpress, VEB Verlag für Verkehrswesen 1965.

2 Drew, D.R.: Traffic Flow Theory and Control, London/New York: Mc Graw-Hill 1968.

Zu Abschnitt 1

3 Tölke, F.: Mechanik deformierbarer Körper, Berlin: Springer-Verlag 1949.

4 Tournerie, G.: Sur la Définition des Grandeurs characteristiques d'une Circulation, Bonn: Schriftenreihe des Bundesministers für Verkehr "Straßenbau und Straßenverkehrstechnik"86(1969)241-244.

5 Leutzbach, W.: Bewegung als Funktion von Zeit und Weg, London: Pergamon Press, Transportation Research 3(1969)421-428.

6 Zimmermann, W.: Zu einigen Problemen der Erhöhung der Geschwindigkeit, Berlin: DDR-Verkehr 7(1970)283-290.

Zu Abschnitt 2

7 Lee, Y.W.: Statistical Theory of Communication, 6.Aufl., Sidney/New York/London: Wiley 1967.

8 Leutzbach, W., Steierwald, G.: Statistische und kinematische Betrachtung der Fahrt von Einzelfahrzeugen, Bad Godesberg: Kirschbaum Verlag, Straßenverkehrstechnik (1969)42-45.

9 Köhler, U.: Der Zusammenhang zwischen Geschwindigkeitsganglinie bzw. Geschwindigkeitsprofil und Häufigkeitsdichte der Geschwindigkeiten, Karlsruhe: Institut für Verkehrswesen, Vorl.Bericht Nr. 17 (1971).

Zu Kapitel II

Allgemein

10 Theory of Traffic Flow - Proceedings of the Symposium on the Theory of Traffic Flow, Warren, Michigan, 1959, Amsterdam: Elsevier Publishing Coy 1961.

11 Proceedings of the Second International Symposium on the Theory of Traffic Flow, London 1963, Paris: OECD 1965.

12 Vehicular Traffic Science - Proceedings of the Third International Symposium on the Theory of Traffic Flow, New York 1965, New York: American Elsevier Publishing Coy 1967.

13 Beiträge zur Theorie des Verkehrsflusses - Referate anlässlich des IV. Internationalen Symposiums über die Theorie des Verkehrsflusses, Karlsruhe 1968, Bonn: Schriftenreihe des Bundesministers für Verkehr "Straßenbau und Straßenverkehrstechnik"86(1969).

14 Haight, F.A.:   Mathematical Theories of Traffic Flow, London/New York: Academic Press 1963.

Drew, D.R.: s. 2

Zu Abschnitt 1

15 Kreyszig, E.:   Statistische Methoden und ihre Anwendungen, Göttingen: Vandenhoeck und Ruprecht 1968.

Zu den Abschnitten 2.1 und 2.2

16 Treiterer, J. et al.:   Investigation and Measurement of Traffic Dynamics, Appx. IX to final Report EES 202-2, Columbus: Ohio State University 1965.

17 Lenz, K.-H.: Die Verkehrsmenge - Versuch einer mathematisch-statistischen Interpretation, Bad Godesberg: Kirschbaum-Verlag "Straßenverkehrstechnik" 3/4(1967) 31-32.

18 Jacobs, F.:   Untersuchungen zur stochastischen Theorie des Verkehrsablaufs auf Straßen, Bonn: Schriftenreihe des Bundesministers für Verkehr "Straßenbau und Straßenverkehrstechnik" 96(1970).

Zu Abschnitt 2.3

19 Leutzbach W., Egert, Ph.:   Geschwindigkeitsmessungen vom fahrenden Fahrzeug aus, Bad Godesberg: Kirschbaum-Verlag "Straßenverkehrstechnik" 3(1959)91-96.

20 Mori, M., Takata, H., Kisi, T.:   Fundamental Considerations on the Speed Distribution of Road Traffic Flow, London: Pergamon Press, Transportation Research 2(1968)31-39.

Zu Abschnitt 2.4

21 Poisson and Traffic, the Eno Foundation for Highway Traffic Control, Saugatuck, 1955.

22 Leutzbach, W.:   Ein Beitrag zur Zeitlückenverteilung gestörter Straßenverkehrsströme, Dissertation TH Aachen 1956, auszugsweise London: International Road Safety and Traffic Review 3(1957)31-36.

23 Ferschl, F.:   Zufallsabhängige Wirtschaftsprozesse - Grundlagen und Anwendungen der Theorie der Wartesysteme, Wien/Würzburg: Physica-Verlag 1964.

24 Leutzbach, W., Koehler, R.:   Binnenwasserstraßenverkehr als Zufallsverteilung, Karlsruhe: Institut für Verkehrswesen, Vorl.Bericht Nr. 1 (1964).

25 Lenz, K.-H., Garsky, J.:   Anwendung mathematisch-statistischer Verfahren in der Straßenverkehrstechnik, Bad Godesberg: Kirschbaum-Verlag 1968.

26 Lehmann, S.: Eine statistische Untersuchung über die Verteilung von Zeitlücken im Verkehr auf offenen Straßen, Köln/Opladen: Westdeutscher Verlag 1967.

Kreyszig, E.: s. 15

Zu Abschnitt 2.5

27 Edie, L.C.:   Discussion of Traffic Stream Measurements and Definitions, enthalten in 11,139-154.

28 Coers, H.G.:   Die internationale Forschungsentwicklung und das räumlich-zeitliche Prinzip mikroskopischer und makroskopischer Untersuchungen des Verkehrsflusses, Berlin: Transpress, Die Straße 7(1970)368-375.

29 May, A.D., Keller, H.E.M.:   Evaluation of Single - and - Multi-Regime Traffic Flow Models, enthalten in 13,37-48.

30 Dilling, J.:   Charakteristik des Verkehrsablaufs auf einem Autobahnabschnitt, Karlsruhe: Institut für Verkehrswesen, Institutsnotiz Nr.6,1970.

31 Lenz, K.-H., Ernst, R.: Untersuchungen über den Verkehrsablauf und die zulässi-
ge Geschwindigkeit auf den Behelfsfahrstreifen im Bereich der Reparaturbaustel-
len der Bundesautobahnen, Köln: Bundesanstalt für Straßenwesen, vorl.Schlußbe-
richt zum F.A. 228/3.915, 1971.

Tournerie, G.: s. 4

Zu Abschnitt 3.1

Jacobs, F.: s. 18

Leutzbach, W., Egert, Ph.: s. 19

Zu Abschnitt 3.2

32 Prigogine, I.: A Boltzmann-like Approach to the statistical Theory of Traffic
Flow, enthalten in 10,158-164.

33 Munjal, P., Pahl, J.: An Analysis of the Boltzmann-Type statistical Models for
multi-lane Traffic Flow, London: Pergamon Press, Transportation Research 3 (1969)
151-163.

34 Prigogine, I., Herman, R.: Kinetic Theory of vehicular Traffic, New York:
American Elsevier Publishing Coy 1971.

Zu Abschnitt 3.3 (allgemein)

35 Lighthill, M.J., Witham, G.B.: On kinematic Waves, Pt.II, A Theory of Traffic
Flow on Long crowded Roads - Proceedings of the Royal Society, Series A, Mathematical and Physical Sciences, No. 1178, Vol. 229, London 1955, 317-345.

36 Greenberg, H.: An Analysis of Traffic Flow, Baltimore: Operations Research
7(1959)79-85.

37 Newell, G.F.: A Theory of Traffic Flow in Tunnels, enthalten in 10,193-206.

38 Leutzbach, W., Bexelius, S.: Probleme der Kolonnenfahrt, Bonn: Schriftenreihe
des Bundesministers für Verkehr "Straßenbau und Straßenverkehrstechnik" 44(1966)
darin enthalten: 159 weitere Literaturhinweise.

39 Ashton, W.D.: The Theory of Road Traffic Flow, London:Methuen/New York: Wiley
1966.

40 Pipes, L.A.: Topics in the hypodynamic Theory of Traffic Flow, London: Pergamon Press, Transportation Research 2(1968)143-149.

41 Pipes, L.A.: Vehicle Accelerations in the hydrodynamic Theory of Traffic Flow,
London: Pergamon Press, Transportation Research 3(1969)229-234.

42 Rockwell, T.H., Treiterer, J.: Sensing and Communication between Vehicles,
National Cooperative Highway Research Program, Report 51, Washington: HRB 1968.

Tournerie, G.: s. 4

Zu Abschnitt 3.3.1

43 Wehner, B.: Die Leistungsfähigkeit von Straßen, Berlin: Forschungsarbeiten aus
dem Straßenwesen Bd.20, 1939.

44 Wehner, B.: Der Wert von Pendelmeßwerten für die Beurteilung der Griffigkeit
von Straßenoberflächen, Bad Godesberg: Kirschbaum-Verlag, Straße und Autobahn
(1962)458.

45 Herman, R., Montroll, E.W., Potts, R.B., Rothery, R.W.: Traffic Dynamics:
Analysis of Stability in Car Following, Baltimore: Op.Res.7(1959)86-106.

46 Gazis, D.C., Herman, R., Potts, R.B.: Car Following Theory of steady State
Traffic Flow, Baltimore: Op.Res.7(1959)499-505.

47 Gazis, D.C., Herman, R., Rothery, R.W.: Non-linear Follow-the-Leader Models of
Traffic Flow, Baltimore: Op.Res.9(1961)545-567.

48 May, A.D., Keller, H.E.M.: Non-integer Car Following Models, Washington: HRB
199(1967)19ff.

49 Taylor, W.J.: Traffic Flow Solution: Graphical Method, Melbourne: Australian
   Rd.Res.4(1969)77-81.

50 Köhler, U.: Stabilitätsuntersuchungen einiger deterministischer Fahrzeugfolgegleichungen, Karlsruhe: Institut für Verkehrswesen 1972.

Zu Abschnitt 3.3.2

51 Michaels, R.M.: Perceptual Factors in Car Following, enthalten in 11,44-59.

52 Todosiev, E.P.: The Action-Point Model of the Driver-Vehicle-System, Columbus:
   The Ohio State University, Rep.202 A-3(1963).

53 Wiedemann, R.: Verkehrsablauf hinter Lichtsignalanlagen, Bonn: Schriftenreihe
   des Bundesministers für Verkehr "Straßenbau und Straßenverkehrstechnik"74(1968).

Zu Abschnitt 3.3.3

54 Treiterer, J. et al.: Investigation of Traffic Dynamics by aerial Photogram-
   metrie Techniques, Interim Report EES 278-3, Columbus: Ohio State University
   1970.

   Jacobs, F.: s. 18